“十四五”时期国家重点出版物出版专项规划项目

鲲鹏技术丛书

丛书总主编

郑骏 林新华

华为
云计算技术与应用

华为技术有限公司 ◎ 组编

王晓玲 卢兴见 ◎ 主编

魏瑾 陈云志 陈康 伍小兵 曹建春 ◎ 副主编

U0265150

人民邮电出版社

北京

图书在版编目（CIP）数据

华为云计算技术与应用 / 华为技术有限公司组编；
王晓玲，卢兴见主编. -- 北京 : 人民邮电出版社,
2024.7
　（鲲鹏技术丛书）
　ISBN 978-7-115-64066-6

Ⅰ. ①华… Ⅱ. ①华… ②王… ③卢… Ⅲ. ①云计算
Ⅳ. ①TP393.072

中国国家版本馆CIP数据核字(2024)第064348号

内 容 提 要

　　本书以华为云计算技术与应用为主线，深入讲解云计算关键领域的技术应用。全书包括 9 章内容，分别为云计算概念与核心技术、云计算平台与服务、云计算新技术及其发展趋势、华为云网络服务与应用、华为云计算服务与应用、华为云存储服务与应用、华为云容器服务与应用、华为云数据库服务，以及华为云计算综合实践。

　　本书内容简洁、技术实用，旨在帮助读者了解并熟悉华为云计算的相关技术及应用。本书适合云计算行业的专业技术人员、云计算行业的爱好者，以及对云计算相关知识感兴趣的读者阅读，也适合作为高校云计算技术应用专业的教材。

◆　组　　编　华为技术有限公司
　　主　　编　王晓玲　卢兴见
　　副 主 编　魏　瑾　陈云志　陈　康　伍小兵　曹建春
　　责任编辑　蒋　慧　顾梦宇
　　责任印制　王　郁　焦志炜
◆　人民邮电出版社出版发行　　北京市丰台区成寿寺路 11 号
　　邮编　100164　电子邮件　315@ptpress.com.cn
　　网址　https://www.ptpress.com.cn
　　天津千鹤文化传播有限公司印刷
◆　开本：787×1092　1/16
　　印张：11.25　　　　　　　　　　2024 年 7 月第 1 版
　　字数：300 千字　　　　　　　2025 年 1 月天津第 2 次印刷

定价：59.80 元

读者服务热线：(010)81055256　印装质量热线：(010)81055316
反盗版热线：(010)81055315
广告经营许可证：京东市监广登字 20170147 号

前　言

鲲鹏技术丛书

《逍遥游》中有句："北冥有鱼，其名为鲲。鲲之大，不知其几千里也；化而为鸟，其名为鹏。鹏之背，不知其几千里也，怒而飞，其翼若垂天之云。是鸟也，海运则将徙于南冥。"华为技术有限公司（以下简称华为）选用"鲲鹏"为名，有狭义和广义之别。狭义的"鲲鹏"是指鲲鹏系列芯片，而广义的"鲲鹏"则指代范围很广，涵盖华为计算产品线的全部产品，包括鲲鹏系列芯片、昇腾系列 AI 处理器、鲲鹏云计算服务、openEuler 操作系统等。

本丛书是"十四五"时期国家重点出版物出版专项规划项目图书。基于国产基础设施的应用迁移是实现信息技术领域的自主可控和保障国家信息安全的关键方法之一，本丛书正是在上述背景下创作的。丛书将计算机领域的专业知识、国产技术平台和产业实践项目相结合，通过核心理论与项目实践，培养读者扎实的专业能力和突出的实践应用能力。随着"数字化、智能化时代"的到来，应用型人才的培养关于国家重大技术问题的解决及社会经济发展，因此以创新应用为导向，培养应用型、复合型、创新型人才成为应用型本科院校与高等职业院校的核心目标。本丛书将华为技术与产品平台用于计算机相关专业课程的教学，实现以科学理论为指导，以产业界真实项目和应用为抓手，推进课程、实训相结合的教学改革。

本丛书共 4 册，分别是第 1 册《鲲鹏智能计算导论》、第 2 册《openEuler 系统管理》、第 3 册《华为云计算技术与应用》和第 4 册《鲲鹏应用开发与迁移》，读者可根据自己的学习兴趣选择对应的分册进行阅读。

本书目标

随着数字经济的蓬勃发展，以计算能力（算力）为核心的新基础设施建设正急速推进，算力逐渐展露出全新的生产力特质。作为数字经济时代不可或缺的基础设施，云计算技术可以为各类数字技术的发展提供强有力的数据存储、运算及应用服务，是释放数字价值、驱动数字创新的重要动力。为了更便捷地提供高性能、多样性、充裕且绿色的算力，华为云在技术架构与工程实现上持续创新，为全球客户提供包括基础设施、媒体、数据及人工智能技术等在内的海量高质量云服务。尽管云计算技术已经过多年发展，但目前市场上云计算领域的人才缺口仍然较大，企业既需要科研人才进行前沿技术创新和研发，也需要大量的高技能人才在业务一线推动前沿技术的应用。为了填补云计算领域人才的需求缺口，华为云积极打造开放合作的云生态体系，携手众多合作伙伴共建云计算产业链，共同培养适应新时代要求的技术人才，助力企业与个人开发者快速掌握并应用先进的云计算技术。在面对大数据处理、人工智能模型训练、高性能计算等场景时，华为云凭借其强大且全面的技术能力，成功解决多种场景下的数据处理难题，释放数据价值，驱动商业创新和社会进步，从而进一步验证了新质生产力在云计算领域的关键作用及其对未来经济社会发展的深远影响。

本书将华为云计算技术的专业知识和华为云安全可控的技术平台的相关应用实践相结合，实现理论讲解与实践训练并行，以提高读者的专业基础能力和技术应用能力。

配套资料

本书的相关配套资料可以在人邮教育社区（www.ryjiaoyu.com）下载。

编写团队

本书由华为技术有限公司组编。编写团队由浙江华为通信技术有限公司的技术专家、高校的一线教师和相关领域的资深教授组成，团队成员发挥各自的优势，确保了本书的实践性、应用性与科学性。

本书的编写团队成员包括华东师范大学王晓玲、卢兴见，西安明德理工学院魏瑾，杭州职业技术学院陈云志，铜仁职业技术学院陈康，重庆工程职业技术学院伍小兵，黄河水利职业技术学院曹建春，以及浙江华为通信技术有限公司的李润文、常嘉琪、贾辉、叶米克等技术专家。在本书编写过程中，华东师范大学的研究生钟博、王艺冰、谢欣余、王子春等同学亲自操作实验并校对实验描述，确保了实践操作与文字叙述的准确性与严谨性。除此之外，本书还得到了诸位专家的大力支持，编写团队在此表示由衷的感谢！

由于编者水平有限，书中难免存在欠妥之处，希望广大读者批评指正。

编者

2024 年 2 月

目　　录

第1章

云计算概念与核心技术

01

学习目标

- 了解云计算发展、基本概念、特征、优势、应用和相关服务，以及鲲鹏云的相关概念。
- 熟悉云计算关键技术之虚拟化技术的概念、优势、架构、分类和主流技术。
- 了解云计算关键技术之分布式技术的概念、技术原理和框架。

本章将从云计算的概念和核心技术这两个层面展开介绍，阐述什么是云计算，以及它的关键技术有哪些。在关键技术部分，将会主要介绍虚拟化技术和分布式技术这两种。

1.1 云计算简介

有人说云计算就像日常生活中的水电一样，人们只需拧开水龙头或打开电源开关，就可以获取到自己所需要的水电，用多少要多少，方便快捷且不浪费资源。用户对于水电等资源的使用是有感知的，但云计算不同，有人可能会问：云计算是什么？云计算有哪些特性？云计算的历史和发展如何？云计算在日常生活中有哪些应用？本节将会简单介绍云计算的发展、概念、特征、优势、应用等内容。

1.1.1 云计算的发展与概念

1. 云计算的发展

1946 年，人类历史上第一台公认的通用电子数字积分计算机（Electronic Numerical Integrator And Computer，ENIAC）诞生了。ENIAC 由 18000 多个电子管组成，体积庞大，需要占满好几个房间，耗电量惊人，但其计算能力还不如现今使用的手机。

20 世纪 60 年代，电子计算机更多的是大型机，如 IBM 公司的大型机 S/360 等，大型机具有处理能力强、安全性高、稳定性好等优点，但是由于其价格昂贵，一般只被政府、银行等机构使用，其他用户可能就不会选择大型机。因此，美国斯坦福大学的科学家约翰·麦卡锡提出"计算机可能变成一种公共资源"的观点。

1983 年，SUN（Stanford University Network）公司的联合创始人约翰·盖奇首次提出了"网络即计算"这一概念，这是最早提出的与云计算相似的概念，即通过网络，用户或公司能够获取到所需的计算等资源，从而对信息进行处理。

1997 年，拉姆纳特·切拉帕教授在一次演讲中提出了"云计算"这一词，同时，他指出"计算资源的边界不再由技术决定，而是由经济需求来决定"，即资源是根据用户需求来提供的。

1999 年，Salesforce 公司提供了可通过互联网按需访问软件的服务。Salesforce 是全球领先的客户关系管理软件的提供商，它通过一系列的创新和新技术的引入，提供了一种全新的 SaaS 方式管理客户关系。

2000 年，谷歌发表了关于分布式文件系统、并行计算、数据管理和分布式资源管理的 4 篇论文，为云计算和大数据的发展奠定了坚实的基础。

2006 年，谷歌前首席执行官埃里克·施密特首次提出了云计算概念。同年，亚马逊推出了云计算产品亚马逊弹性计算云（Elastic Compute Cloud，EC2），指出云计算通过互联网按需提供 IT 资源，并且采用按使用量付费的定价方式。

2010 年，云计算发展的关键一年，也被认为是中国的云计算元年。在这一年，VMware 开始加入云计算市场，提供相应的云计算产品，同时，VMware 和谷歌展开合作，微软云计算产品 Azure 添加了对远程桌面和虚拟化的支持，增强了其 IaaS 层的服务提供能力。在中国，政府开始重视云计算的发展，颁布了《关于做好云计算服务创新发展试点示范工作的通知》等文件。同年，阿里云开始公测。

2020 年，亚马逊、微软和阿里占据全球近 70%的云市场，云计算产业成为全球性的竞争产业。关于云计算未来的发展，亚马逊全球副总裁兼首席技术官威格尔指出，未来云计算将改善城市生活，实现工业物联网、视频分析和安全分析，还将改变医疗分析。

2．云计算的概念

关于云计算，不同的组织有不同的理解。

维基百科指出，云计算是现有技术和范例的发展和采用的结果。云计算的目标是允许用户从所有这些技术中获益，而不需要对每一项技术都有深入的了解。"云"旨在降低成本，帮助用户专注于核心业务，而不被 IT 障碍所阻碍。

云安全联盟指出，云计算的本质是一种提供服务的模式。通过这种模式，用户可以随时随地按需地通过网络访问共享资源池的资源。资源池的内容包括计算资源、存储资源、网络资源等，这些资源能够被动态地分配和调整，在不同用户之间灵活地划分。凡是符合这些特征的 IT 服务都可以被称为云计算服务。

普遍被接受的概念是由美国国家标准与技术研究院（National Institute of Standards and Technology，NIST）提出的，云计算是一种模型，它可以实现用户随时随地、便捷、按需地从可配置计算资源共享池中获取所需的资源（如网络、服务器、存储、应用和服务等）。这些资源能够快速供应并释放，使资源管理的工作量和用户与服务提供商的交互次数减少到最低限度。

1.1.2　云计算的特征与优势

1．云计算的特征

从上述概念中可以看到云计算拥有按需自助服务、广泛的网络接入、资源池化、快速弹性伸缩和可计量服务这五大特性。

（1）按需自助服务

按需自助意味着用户可自助获取相关资源或服务，资源可以是应用程序、网络、计算、存储、数据库等，服务可以是人工服务等。例如，用户的某个业务需要一台 4 个虚拟 CPU、8GB 内存、

100GB 存储空间的服务器来支撑。在云时代，用户可以直接通过云控制台界面进行资源申请，同时，若用户在使用过程中有任何问题，可以在云平台上申请人工服务来帮助解决问题。相比传统方式，用户不再需要购买硬件资源，安装和配置软件，也不需要对设备进行运维。

（2）广泛的网络接入

广泛的网络接入允许用户在终端设备上通过网络接入云中获取相应的资源。理论上来说，只要网络可达就可以获取相应资源，和用户所处位置无关，和用户使用的终端设备也无关。用户终端设备可以是个人计算机、笔记本电脑、手机等，接入云环境的网络可以是互联网，也可以是公司内网。

（3）资源池化

根据 NIST 的定义可以看出，云计算提供的是共享资源池，即资源池化。资源池化意味着用户获取的资源或服务都是来自某个资源池的，这个资源池可以是公共的资源池，也可以是私有的资源池。例如，当某个用户需要使用虚拟机时，可以从计算资源池中获取相应的计算资源，从存储资源池中获取相应的存储资源。

（4）快速弹性伸缩

快速弹性伸缩意味着云中提供的某个服务可以快速伸缩，适应业务负载的动态变化，从而能够保证资源的提供量和业务对资源的需求量是高度匹配的，避免资源的冗余和浪费。例如，在华为云上，云服务器的快速弹性伸缩体现在两个方面：一方面是虚拟机的配置可以进行弹性伸缩；另一方面是虚拟机的数量可以根据业务的需求进行弹性伸缩。

（5）可计量服务

云上大部分的资源是收费的，用户按需使用云中的资源，按实际使用量付费，因此平台需要收集使用资源的类型、使用数量和使用时长等信息，根据这些信息，对用户进行相应的收费。例如，在华为云上，除了一部分免费服务外，收费资源主要有按需计费和包年/包月这两种方式。

2. 云计算的优势

云计算具有经济高效、快速便捷、灵活弹性、安全可靠等诸多优势。

（1）经济高效

云计算中的资源以池化的形式聚集，通常情况下，对上层海量用户或中小企业用户而言，搭建自己的业务系统成本高、耗时长、运维成本高，而在大厂商提供的云平台上去搭建自身的业务，能够快速获得自身业务所需资源，且选择多样。同时，可以根据业务自身需求去考虑资源的付费方式，在一定程度上能够降低用户或中小企业的业务成本。以华为云为例，在华为云上获取一台弹性云服务器所需时间是分钟级，同时，华为云提供了众多付费方式，如包年、包月、按需付费和竞价计费方式。

（2）快速便捷

理论上，只要网络可达，就可以获取所需资源，因此，云计算被广泛应用于教育、办公、医疗等众多领域。以办公桌面云为例，将企业数据、应用等迁移到云数据中心，对企业办公人员而言，可以随时随地办公，办公地点和方式不受限。

（3）灵活弹性

对于云上资源，灵活弹性体现在资源的弹性伸缩上，包括资源配置的更改和资源数量的变更。以华为云为例，若需要将一台弹性云服务器配置从 2 vCPU、4GB 内存提升到 4 vCPU、8GB 内存，可以直接在云操作界面上完成；同时，在某些业务场景下，若业务高峰期需要增加相应资源，将弹性云服务器的数量从之前的 100 台增加到 500 台，也只需要在云操作界面上进行相应的配置。

（4）安全可靠

在安全方面，云计算从底层到上层，提供了众多安全策略、措施和工具来保障安全。以华为云为例，其底层提供了防火墙、网络审计等安全防护方式；在虚拟化和云平台层，采用了云平台加固、虚拟资源隔离等安全措施；在应用和数据层，提供了网页防篡改、Web 安全扫描、数据库审计、数据加密存储等安全防护方式。在可靠性方面，数据存储采用多副本容错、虚拟机可热迁移、数据库主备设计、上层应用负载均衡等方式，很好地保证了用户业务的高可靠性。

课外扩展

不同的付费方式适合的业务场景如下。

① 包年、包月：适用于长期使用云上资源的业务场景。

② 按需付费：适用于计算资源需求有波动的场景。

③ 竞价计费：华为云将可用的计算资源按照一定折扣进行售卖，其价格随市场供需关系实时变化，这种打折销售、价格实时变化的计费模式称为"竞价计费"。适用于非长时间作业或者对稳定性要求低的业务场景。

1.1.3 云计算的应用

对个人而言，云计算渗透在个人的衣食住行、教育、医疗、办公等各个方面。例如，以前用户需要使用 U 盘等设备去打印店打印文件，而现在，当用户需要打印或存储文件时，可以使用网盘进行文件资料的存取，不仅方便快捷，还能提升信息的安全性。除此之外，当人们在日常生活中使用一些视频软件观看娱乐节目或者在一些电商平台上购买所需商品时，其后台使用的也是云计算技术。以华为商城 VMALL 为例，VMALL 是华为自营电商平台，其本身就是基于华为云平台搭建的。

对广大中小企业而言，采用云计算技术能够降本增效，从而有利于满足其自身业务发展的需求。

在金融行业中，以某银行为例，其业务快速发展导致业务体量快速增长，客户群体从高价值客户向长尾客户延伸，但其业务部署分散隔离，导致后端资源难管控，各业务的价值发现困难。基于以上问题，该银行对其业务进行云化部署，通过将其核心业务 100%上云，采用"两地三中心"的部署模式，构建智能运维体系，为该银行节省了一大笔资金，使其整体资源利用率提高了约 4 倍。

在交通行业中，以城轨为例，在《交通强国建设纲要》的要求和指导下，中国城轨从单线建设向线网建设发展，同时，从提供单一的出行服务向提供综合服务发展，即中国城轨从传统城轨向智慧城轨发展。《中国城市轨道交通智慧城轨发展纲要》指出了中国智慧城轨的发展蓝图，即以城轨云为底座，上层应用新的技术打造一系列智能、智慧体系，实现中国城轨交通由高速发展向高质量发展。以某城市城轨云化建设为例，传统模式下，新业务开发需要申请新的资源，新资源申请需要进行审批、招标等一系列操作，耗时几个月，而通过业务云化后，其资源申请能够在一周内完成，同时资源利用率得到极大的提升，大幅度地缩减其运维人员的数量。

在其他行业中，如教育、医疗、能源等各大行业都有云化的应用，而这些行业采用业务云化，大部分都是基于减少成本、新业务开发、业务智能化等方面的考量。

1.1.4　云计算平台、云管理平台与云计算服务

云计算平台是一种基于云计算技术构建的软件和服务平台，它提供了一种可靠、灵活、可扩展的方式来构建、部署和管理应用程序和服务。利用虚拟化技术，云计算平台能够基于底层的 IT 资源池构建出庞大的云计算共享资源池，进而向用户提供不同的云计算服务。目前云计算服务模式主要包括基础设施即服务（Infrastructure as a Service，IaaS）、平台即服务（Platform as a Service，PaaS）和软件即服务（Software as a Service，SaaS）三类。

由于云计算的优势显而易见，并且云计算具备极大的发展空间和经济效益，因此，业内各公司都在大力发展云计算业务。目前几乎所有的主流 IT 企业都已涉足云计算领域，他们根据自己的传统技术领域和市场策略从不同方向进军云计算领域。但随着用户需求和规模的不断增长，势必会出现这些问题：如何管理云上不同种类的云服务？如何对不同云服务厂商之间的服务进行统一管理？如何让用户便捷地申请云服务？在这样的背景下，云管理平台就应运而生了。

在云管理平台的管理下，可以基于不同的模式对云计算进行部署并实现统一管理，有云服务厂商构建的公有云模式，有用户自行构建的私有云模式，也有强调高扩展性、高灵活性、高安全性和高私密性的混合云模式，更有多个利益共同体一同投资构建的社区云模式。无论采用哪种模式，通过云管理平台的纳管，用户都可以享受到云计算快速、便捷、灵活、可靠的优势，助力自身业务的可持续发展。

有了底层的 IT 资源池、云计算平台和云管理平台，就能为广大的用户提供安全高效、丰富多样的云计算服务，当前主流的云计算服务主要有以下 8 类。

① 计算云服务：以提供算力为主要目的。

② 存储云服务：以提供云上存储空间为主要目的。

③ 网络云服务：以便利的云上网络连通性构建便利的网络拓扑为主要目的。

④ 安全云服务：以各种安全防护手段保护云上资源为主要目的。

⑤ 容器云服务：以容器为资源分割和调度的基本单位，封装软件运行时的环境。随着云原生（Cloud Native）概念的广泛普及，企业的 IT 架构向着更轻量化发展，各类云容器服务正在以惊人的速度融入企业的信息化系统。

⑥ 大数据云服务：企业可以一键式搭建数据集成、存储、分析与挖掘统一的大数据平台，使用户专注于应用，提高开发效率。

⑦ 数据库云服务：云服务厂商提供的数据库产品一般都是具备 NewSQL 特性的数据库产品，如亚马逊的 Aurora、阿里云的 OceanBase、腾讯云的 CynosDB、华为云的 GaussDB（DWS）和 GaussDB（for MySQL），这类产品以服务化的形式提供即开即用的数据库功能。

⑧ AI 云服务：通过云计算平台提供的人工智能相关的服务。在未来，云上人工智能在框架、算法、算力、数据和场景等方面将越来越向真正的"人工智能"靠近。

1.1.5　我国自主创新成果——鲲鹏云

当前计算产业呈现两个大的变化趋势。其一是移动智能终端取代传统个人计算机（Personal Computer，PC），计算架构正在从 x86 转向 ARM，应用正从 PC 应用转向移动应用，并且移动应用

进一步发展为云化应用。其二是新的算力需求日趋强烈，需要构建云端数据中心和网络边缘端协同的算力体系，助力世界步入万物互联的新时代，以满足对于海量数据处理的算力需求。此外，边缘侧实时智能处理也需要强大的算力支撑。数据中心侧分析、处理和存储海量的数据需要高并发、高性能、高吞吐的算力。这些新的需求对算力提出了全新的需求。

计算进入多样性时代，意味着将产生大量对异构计算的需求，然而，当前没有任何一种单一的计算架构能够满足对所有场景、所有数据类型的处理需求，单一计算架构逐渐向多种计算架构组合演进。我们看到的各种 CPU、DSP、GPU、AI 芯片、FPGA 等同时存在，多种计算架构共存的异构计算，将实现摩尔定律的重构，从而更好地满足业务多样性、数据多样性的需求。

技术的更迭是生态发展的核心驱动力。进入"AIoT（AI+IoT）时代"，多元架构成为业务智能的关键，技术生态也从单一封闭型向开放共存型和多元化社区型发展。为避免网络信息化核心技术被"卡脖子"，需要全面自主可控的技术，而要实现关键核心技术自主可控，需要在国家政策指导和市场需求牵引下，构建多元化技术架构，不断推进核心技术的自主创新发展。多元化技术架构主要包括以下方面。

① 多元化底层技术：核心芯片、操作系统及数据库既能采用全国产技术体系构建，又可兼容国外产品与技术体系。

② 多元化开发生态：提供多样化的开发语言以及开发工具，建立完善的开发社区，在开源社区及商业软件方面快速形成可支持全国产技术体系的业务应用生态。

③ 多元化云服务：基于云服务模式提供完整的自主可控软件栈，快速吸引新业务上线，为用户提供多元化业务系统迁移工具、服务与指导。

依托 ARM 架构打造的鲲鹏处理器，以及基于鲲鹏处理器构建的华为鲲鹏云服务解决方案是多元架构实践的有力体现。鲲鹏云服务解决方案打通了智能时代从端到云的价值链，在大数据、分布式存储、ARM 原生应用等诸多场景中发挥了极大价值。鲲鹏云服务解决方案具有以下优势。

① 预集成全栈软硬件且按需付费：专业硬件集成可以充分发挥多元效能和混合资源调度的优势，专业软件优化和灵活的按需付费方式可以降低使用门槛。

② 多场景业务支持：包括强大的原生移动应用云服务、自主可控的混合云延伸服务，以及更高密度的众核高性能计算（High Performance Computing，HPC）服务场景等。

③ 丰富的技术生态支持：线上技术社区可提供不掉线的帮助支持，开发工具、语言、环境等资源齐全。

鲲鹏计算生态致力于推动异构计算的发展，更好地满足用户和企业对超大宽带内存、绿色低功耗、安全可信等的需求。鲲鹏计算产业是基于鲲鹏处理器构建的全栈 IT 基础设施、行业应用及服务，包括计算机、服务器、存储设备、操作系统、中间件、虚拟化、数据库、云服务、行业应用以及咨询管理服务等。鲲鹏生态的构建为政府、金融、教育、医疗、游戏、媒体等各行各业提供了丰富的应用和场景，满足了不同的异构计算需求。

鲲鹏开发团队完善了云服务的国产化，构建了全栈鲲鹏云服务，如鲲鹏云主机、鲲鹏云数据库、鲲鹏云容器、鲲鹏云微服务平台等，支持丰富的场景，如事务处理、大数据分析、数据库应用、科学计算、存储应用、移动应用等。目前，鲲鹏系统支持的主流操作系统（Operating System，OS）包括 CentOS、Ubuntu、中标麒麟、Debian、华为欧拉 OS、银河麒麟、SUSE、Deepin 等。

如今的鲲鹏不再局限于鲲鹏系列服务器芯片，更包含兼容的服务器软件，以及建立在新计算架构上的完整软硬件生态和云计算生态。

1.2 虚拟化技术

云计算是虚拟化技术、分布式技术、负载均衡技术、网络存储技术等多种技术融合发展的产物。其中，虚拟化技术是云计算中的重要技术，主要负责云计算中底层资源的虚拟化和资源池化。本节先介绍虚拟化基础知识，包括虚拟化的概念、优势和劣势；随后讲解虚拟化的架构及其分类；最后，简单介绍虚拟化主流技术，包括 KVM 和 XEN。

1.2.1 虚拟化基础

1. 虚拟化概念

采用虚拟化，需要在服务器上安装相应的虚拟化层，然后在其基础上创建虚拟机、安装和配置操作系统和应用软件，从而承载相应的业务，虚拟化架构如图 1-1 所示。

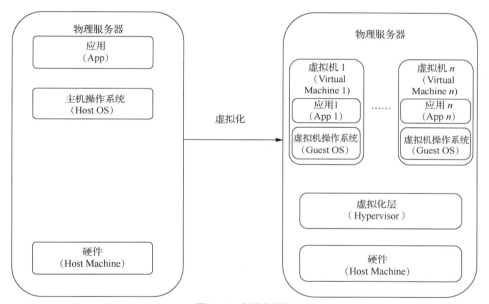

图 1-1 虚拟化架构

① 物理服务器（Host）：物理服务器通常是指托管虚拟机或容器的物理设备，它具有自己的处理器、内存、硬盘、网络接口和其他硬件组件，可以独立地运行操作系统和应用程序。物理服务器可以被视为一个宿主机，它提供资源和环境，使得虚拟机或容器能够在其上运行。

② 虚拟化层（Hypervisor）：虚拟化层也被称为虚拟机监视器（Virtual Machine Monitor，VMM），虚拟化层将底层的计算、存储和网络等资源统一纳管起来，为上层虚拟机提供一个逻辑上隔离的运行环境，比较常见的虚拟化层有 KVM、XEN、Hyper-V、VMware Server 等。

③ 虚拟机（Virtual Machine，VM）：也被称为客户机（Guest Machine），新创建出来的虚拟机并不能直接使用，需要由用户或管理员为这台虚拟机安装相应的系统软件和应用软件之后才能使用。

④ 虚拟机操作系统（Guest OS）：虚拟机操作系统可以是 Linux/类 Linux 操作系统或 Windows 操作系统，可以根据实际的业务场景需求进行选择。

2. 虚拟化优势

采用了虚拟化技术之后，优势主要体现在以下几点。

① 提高资源利用率：传统模式下，为避免业务高峰时期资源的抢占问题，一般会在一台服务器上面安装一个应用来对外提供服务。对这台服务器而言，其资源平均利用率通常在 20%~30% 之间，资源没有得到充分的利用。而虚拟化技术可以对底层资源进行逻辑隔离，创建众多承载不同业务和应用的虚拟机，从而提高资源利用率。

② 灵活的资源配置：对上层业务而言，可以灵活地对运行业务的虚拟机进行数量或配置的更改。例如，在业务量高峰期，可以通过提高虚拟机的配置来应对高业务量与资源配置不匹配等问题。

③ 提高业务可靠性：对上层业务而言，其要求业务不中断或者短中断，而虚拟化技术可以支持虚拟机跨主机的热迁移，同时，结合一些适当的规则，如虚拟机与主机绑定、虚拟机聚合或互斥等规则，可以提高业务的可靠性。

课外扩展

常见的虚拟机部署规则如下。

① 虚拟机与主机绑定规则：虚拟机与主机强绑定，确保虚拟机一直运行在该主机上。

② 虚拟机聚合规则：当多台虚拟机之间需要进行较多信息交换时，如在业务与日志虚拟机之间进行信息交换，将这些虚拟机聚合运行在同一台物理服务器上，保证信息的低时延交互。

③ 虚拟机互斥规则：某些场景下，为保证业务的高可靠性，需要将多台虚拟机部署在不同的物理服务器上，这时可以使用虚拟机互斥规则。

3. 虚拟化劣势

凡事有利必有弊，采用虚拟化技术劣势体现在以下几点。

① 运维难度增加：传统方式下运维人员只需要对物理资源、系统软件和应用软件等进行运维。而多了虚拟化层之后，增加了对虚拟化层及其上的虚拟机的运维工作。

② 保障安全难度增加：可能会发生"虚拟机逃逸"等安全问题，如在虚拟机中使用了弱密码，黑客可以通过暴力破解等方式控制虚拟机，然后对这台主机的虚拟化层进行控制，从而控制整台主机。

③ 面向业务的灵活度不够：当用户需要根据业务进行相应虚拟资源的调整时，其工作量仍然比较大。同时，虚拟化在与其他新兴技术（如物联网、人工智能、大数据等）的融合方面还有待改进。

1.2.2 虚拟化架构

虚拟化架构主要分为两类：一类是服务器虚拟化，主要包括裸金属型和宿主型；另一类是操作系统虚拟化。

1. 裸金属型虚拟化架构

如图 1-2 所示，裸金属型虚拟化架构中虚拟化层直接安装在硬件上面，这时虚拟化层对硬件的所有资源进行相应的管控，在虚拟化层的基础上，可以创建虚拟机，然后在虚拟机中安装系统软件或者应用软件。对裸金属型虚拟化架构而言，它具有性能较高、支持多种操作系统等优势，同时，它也存在内核研发比较困难等劣势。目前，裸金属型虚拟化产品有 XEN、Hyper-V 等。

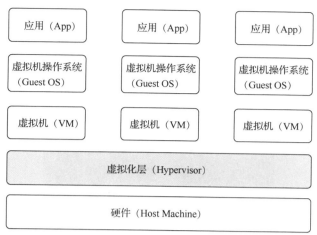

图 1-2　裸金属型虚拟化架构

2. 宿主型虚拟化架构

如图 1-3 所示，相比于裸金属型虚拟化架构，宿主型虚拟化架构中 VMM 不直接安装在硬件上。在宿主型虚拟化架构中，由主机操作系统（Host OS）对整个硬件资源进行管控，而 VMM 只是作为一个虚拟化模块嵌入 Host OS，实现 CPU、内存和输入/输出（Input/Output，I/O）虚拟化，实际上对硬件资源的管控是由 Host OS 来完成的。宿主型虚拟化架构能够充分利用 Host OS 优秀的资源管理能力，但也强依赖于 Host OS 对设备的支持。目前，宿主型虚拟化产品有 VirtualBox、VMware Workstation 等。

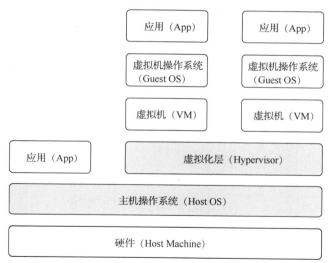

图 1-3　宿主型虚拟化架构

3. 操作系统虚拟化架构

如图 1-4 所示，操作系统虚拟化架构允许多个应用共享主机操作系统内核，将应用和应用的依赖文件等封装在一起形成容器。对多个容器而言，由于共享而不具备单独的操作系统内核，因此，其空间更小、启动速度更快、效率更高，但是容器在安全性、标准性、复杂性等方面的问题仍有待解决。

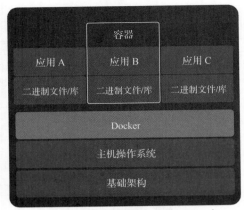

图1-4　操作系统虚拟化架构

1.2.3　虚拟化分类

从资源类型来看，虚拟化主要包括 CPU 虚拟化、内存虚拟化和 I/O 虚拟化。而对不同资源类型的虚拟化而言，其发展基本经历了全虚拟化、半虚拟化和硬件辅助虚拟化这 3 个阶段。

1. CPU 虚拟化

在对这些虚拟化阶段进行介绍之前，需要先说明一下虚拟化之前计算机的 CPU 指令流，如图 1-5 所示，CPU 将特权级分为 4 个级别：Ring 0、Ring 1、Ring 2、Ring 3。Ring 0 拥有最高的级别，一般只给操作系统使用，Ring 1、Ring 2、Ring 3 级别依次递减，Ring 3 则给普通的应用程序使用。图 1-5 所示是传统模式下的 CPU 指令流，对操作系统来说，它运行在 Ring 0 级别，拥有最高的权限，可以进行修改页表、控制中断和访问底层设备等操作；对应用程序而言，它运行在 Ring 3 级别，拥有最低的权限。当应用程序执行调用底层的硬件、写文件等关键/核心型操作时，CPU 的运行级别会先从 Ring 3 切换到 Ring 0，同时，会调用相应的内核代码执行。当操作系统完成了相关的操作时，CPU 级别会从 Ring 0 调整到 Ring 3。而当应用程序执行一些非关键/核心型的操作时，CPU 级别会一直处在 Ring 3，不会进行级别的切换。

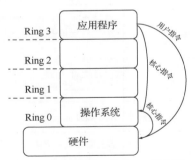

图1-5　传统模式下的 CPU 指令流

如果没有引入虚拟化技术，那么在传统模式下，CPU 指令的运行并不会产生任何冲突，而采用了虚拟化技术后，就会带来一个问题：默认情况下操作系统运行在 Ring 0 级别，管控所有的硬件资源，而新增的虚拟化层也需要运行在 Ring 0 级别以管控所有的硬件资源，这种情况下，应该是谁运行在 Ring 0 级别呢？

（1）CPU 全虚拟化

图 1-6 对给出了上述问题的答案，图 1-6 是全虚拟化下的 CPU 指令流，可以看到底层是硬件，虚拟化层运行在 Ring 0 级别中，虚拟机操作系统运行在 Ring 1 级别中，应用运行在 Ring 3 级别中，这样就能够保证虚拟化层能够获取对所有硬件资源的管控权，当虚拟机运行一些用户指令时，就能不经过虚拟化层直接运行。当运行一些核心指令时，若出现异常，虚拟化层就会捕获这个异常，进行二进制翻译，从而完成这些核心指令的执行，通过异常—捕获—二进制翻译这种方式，会消耗较多的系统资源，降低性能，但在一定程度上解决了 Ring 0 级别运行冲突问题。

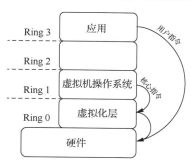

图 1-6　全虚拟化下的 CPU 指令流

![课外扩展]课外扩展

二进制翻译：二进制翻译技术将源平台的二进制代码翻译为目标平台的二进制代码，这样代码的执行不仅能够适应相应的平台，而且具备较高的运行效率。

（2）CPU 半虚拟化

为了解决全虚拟化中存在的资源消耗大、性能低等问题，提出了 CPU 半虚拟化这一方案。在 CPU 半虚拟化中，虚拟化层仍然处于 Ring 0 级别，虚拟机操作系统仍然处于 Ring 1 级别，应用则处于 Ring 3 级别。不同于全虚拟化，半虚拟化对虚拟机操作系统进行了相应的修改，这样对于核心指令的执行，就不用异常捕获、二进制翻译，而是通过 Hypercall 这一调用方式进行核心指令的执行，相比于全虚拟化，其性能有所提升。半虚拟化下的 CPU 指令流如图 1-7 所示。

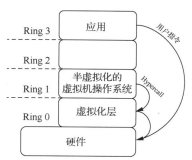

图 1-7　半虚拟化下的 CPU 指令流

（3）CPU 硬件辅助虚拟化

不论是全虚拟化还是半虚拟化，其虚拟化功能的实现都需要通过虚拟化层，为了获得更高的性能和更好的体验，硬件辅助虚拟化应运而生。硬件辅助虚拟化的思想是将虚拟化层和虚拟机操作系统放到不同的模式下，CPU 硬件辅助虚拟化指令流如图 1-8 所示，将虚拟机操作系统放到非 ROOT 模式下，将虚拟化层放到 ROOT 模式下，当虚拟机操作系统运行非核心指令（用户指令）时，可以直接下发指令到硬件执行，不需要经过虚拟化层。当虚拟机操作系统运行核心指令时，系统会从非 ROOT 模式切换到 ROOT 模式，这一过程也被称为 VM-Entry，经由虚拟化层将指令处理完成之后，系统会从 ROOT 模式切换到非 ROOT 模式，这一过程也被称为 VM-Exit。对于应用的用户指令，则会直接执行。目前主要有英特尔的 VT-x 和 AMD 的 AMD-V 这两种 CPU 硬件辅助虚拟化技术。

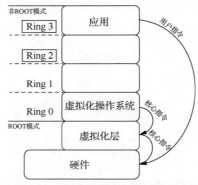

图 1-8　CPU 硬件辅助虚拟化指令流

2. 内存虚拟化

内存虚拟化如图 1-9 所示，需要了解以下几个概念。

① GVA：Guest Virtual Address，虚拟机虚拟地址。

② GPA：Guest Physical Address，虚拟机物理地址。

③ HVA：Host Virtual Address，主机虚拟地址。

④ HPA：Host Physical Address，主机物理地址。

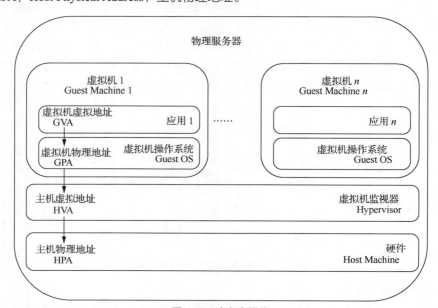

图 1-9　内存虚拟化

内存虚拟化和 CPU 虚拟化类似，经历了内存全虚拟化、内存半虚拟化和内存硬件辅助虚拟化这 3 个主要发展阶段。

（1）内存全虚拟化

如图 1-10 所示，内存全虚拟化需要完成 GVA 到 GPA、GPA 到 HVA、HVA 到 HPA 的地址转换工作。其中，GVA 到 GPA 的地址转换是由虚拟机的系统页表进行的，HVA 到 HPA 的地址转换工作是由主机的系统页表完成的，此时，VMM 需要完成 GPA 到 HVA 之间的地址转换工作。这样可以将主机物理层中非连续性的地址整合成逻辑上连续性的内存地址提供给虚拟机使用，并保障每台虚拟机能够得到一个逻辑地址从零开始的连续内存地址段，同时，能够保证每台虚拟机获得的地址空间在逻辑上是隔离的。

采用内存全虚拟化技术，需要经过多层地址的转换，在一定程度上会导致计算机性能的损耗，此时，为了解决性能损耗大的问题，提出了内存半虚拟化。

（2）内存半虚拟化

如图 1-11 所示，内存半虚拟化是通过影子页表技术实现的。影子页表记录了 GVA 到 HPA 之间的地址映射关系，在很大程度上降低了性能的损耗，对每台虚拟机而言，其进程中有内存维护的页表，当在虚拟机中对页表进行相关修改时，这种动作就会被 VMM 截获，在这之后，VMM 要

图 1-10　内存全虚拟化

重新计算出新的 GVA 到 HPA 之间的地址映射关系，更改相应的页表项。相比于内存全虚拟化方式，采用影子页表这种方式实现内存半虚拟化，减少了内存地址之间的多层转换，在一定程度上提高了效率，但这种方式也有其缺陷，如实现方式比较复杂。同时，对每台虚拟机而言，都需要去维护一套自己的页表，当虚拟机数量较多时，会增加内存的负担，此外，VMM 截获时陷入中断等动作也会加重 CPU 的负担。

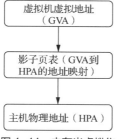

图 1-11　内存半虚拟化

（3）内存硬件辅助虚拟化

内存硬件辅助虚拟化可以通过扩展页表（Extended Page Table，EPT）来实现。通过使用硬件技术，在原有的页表的基础上增加一个 EPT，用于记录 GPA 到 HPA 的映射关系。VMM 预先把 EPT 设置到 CPU 中。虚拟机修改虚拟机页表，无须 VMM 干预。地址转换时，CPU 自动查找两张页表完成 GVA 到 HPA 的转换，从而减少整个内存虚拟化所需的开销。

3. I/O 虚拟化

I/O 虚拟化有 I/O 全虚拟化、I/O 半虚拟化和 I/O 硬件辅助虚拟化 3 种。

（1）I/O 全虚拟化

在 I/O 全虚拟化中，虚拟化的工作由 Hypervisor 进行相应的模拟，包括 I/O 设备寄存器和读写操作的模拟。这种方式的优点是可以直接使用相应的驱动，无须修改相应的操作系统，缺点是每次都需要进行相应的中断，对性能有一定影响，同时，Hypervisor 需要模拟不同的硬件。

（2）I/O 半虚拟化

在 I/O 半虚拟化中，需要在虚拟机的操作系统中添加相应的前端驱动，同时在 Hypervisor 层上需要添加相应的驱动程序。相较于 I/O 全虚拟化，采用 I/O 半虚拟化方式需要修改相应的虚拟机操作系统，但是性能比全虚拟化好一些。

（3）I/O 硬件辅助虚拟化

I/O 硬件辅助虚拟化也被称为 I/O 透传。在这种方式中，虚拟化功能是在硬件层面完成的，直接将硬件层面的虚拟 I/O 资源提供给不同的虚拟机使用，不用经过 Hypervisor 这一层。采用 I/O 硬件辅助虚拟化，其性能比前面两种方式好，目前主要有英特尔的 VT-d、AMD 的 IOMMU 和 PCI-SIG 的 IOV 这 3 种 I/O 硬件辅助虚拟化技术。

1.2.4 虚拟化主流技术

虚拟化主流技术主要有 KVM 和 XEN，下面分别对其进行介绍。

1. KVM

KVM（Kernel-Based Virtual Machine）即基于内核的虚拟化，是 Hypervisor 的一种。KVM 的架构如图 1-12 所示，在 KVM 中，其将虚拟化功能 KVM 模块嵌入主机的 Linux 操作系统内核完成虚拟化，这个 KVM 模块主要负责 CPU 和内存的虚拟化功能，而 I/O 方面的虚拟化则主要由开源的模拟器 QEMU 完成。KVM 虚拟化模块和 QEMU 共同组成了 KVM 虚拟化解决方案。

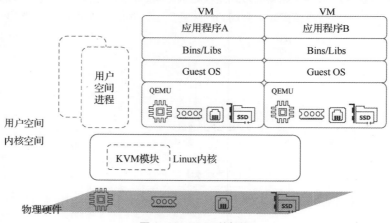

图 1-12　KVM 的架构

KVM 是 2008 年由一家以色列公司开发的，经过多年的积累，已成为业界主流的开源 Hypervisor 之一。

2. XEN

另一个比较有名的开源虚拟化产品就是 XEN。XEN 是由英国剑桥大学开发的，是 Hypervisor 中的一种。图 1-13 所示为 XEN 的架构，在 XEN 虚拟化层中创建虚拟机，在 XEN 中，虚拟机也被称为域（Domain），Domain 分为两类，一类是普通的虚拟机 Domain U，另一类是特殊的虚拟机 Domain 0。Domain 0 能够直接和底层的硬件进行交互，而 Domain U 不能直接和底层的硬件进行交互，Domain U 和硬件的交互是通过 Domain 0 完成的。

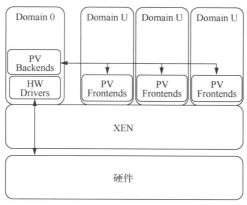

图 1-13　XEN 的架构

1.3　分布式技术

　　云计算中的另一大技术是分布式技术。分布式技术在云计算中得到广泛的应用，原因在于与集中式技术相比，它在资源池化、扩展能力和性能提升等方面都有较大的优势。本节重点介绍分布式技术的概念、原理和框架。

1.3.1　分布式概念

1. 集中式技术

　　在了解分布式技术（架构）之前，需要先了解一下与之相关的集中式技术。集中式是指将一个系统所有的代码都集中到一个项目中，同时将整个项目部署到一台主机上的架构方式。

　　由于历史原因，集中式技术多数用在传统的金融、电信等领域，计算资源基本上分布在大型机/小型机上，而且在这些机器上运行的软件大多是"商用闭源"软件。例如，在"IOE"集中式架构中，使用 IBM 的服务器、Oracle 的数据库和 EMC 的存储产品提供计算、数据库、存储等服务。虽然采用集中式技术（架构）有项目部署简单、管理成本低等优势，但是其也存在以下劣势。

　　① 价格昂贵：集中式架构的商用设备市场已被 IBM、Oracle 和 EMC 这 3 家巨头公司垄断，其软硬件十分昂贵。

　　② 自主安全性低：由于市场被商业巨头垄断，造成软硬件技术封锁，对使用集中式技术的企业来说，根据其业务的要求进行相应修改的难度非常大。

　　③ 扩展伸缩性差：对于急速增长的业务，如电商领域，需要去支撑其流量突发性强、高并发业务时，使用之前的设备配置已经满足不了激增的业务对底层资源的需求，这时，如果企业要增加相应的资源配置，在采用集中式技术的情况下，只有去购买更高规格的配置，才能支撑业务的发展。

　　④ 灵活兼容性差：集中式技术无法支撑大数据、人工智能等新兴技术的发展。

2．分布式概述

分布式是指根据业务需求将系统拆分成多个子系统，多个子系统之间进行协作来完成业务流程。一般来说，子系统会部署在集群中不同的服务器上面。以一个餐厅厨房的运作为例，集中式就好比一个人完成从食材的采购、食材的清洗加工到将加工好的食品端到客户面前的所有工作，如果客户增加，就需要雇佣更多的人，这些人的工作和第一个人的工作完全相同；而采用分布式技术，就是对食材的采购、食材的清洗加工和将加工好的食品端到客户面前等工作进行分工，每个人负责不同的部分，当客户增加时，可以增添相应数量的人完成不同的工作。

分布式这一理念的提出，主要是因为移动互联网的发展导致企业客户群体从传统的面向企业（to B）向面向用户（to C）转变。面对海量的移动互联网用户，企业采用传统的集中式已经满足不了其业务需求，采用分布式技术更有利于业务发展。

采用分布式技术有以下优点。

① 降低业务之间的耦合度：因为拆分成不同的子系统，不同的子系统之间通过接口进行通信，从而实现业务之间的解耦。

② 灵活的部署方式：可以对业务进行灵活的部署，不再受硬件等方面的限制和要求。

③ 对业务进行灵活的开发：拆分的子系统可以由不同的研发团队负责，同时，如果业务方面有新的需求，可以快速进行开发并上线。

1.3.2　分布式技术原理

1．分布式协同

分布式协同主要解决分布式系统中数据和状态的一致性问题。在集中式系统中，系统的数据和状态是高度一致的，但是在分布式系统中，其数据和状态的一致性是较难保证的。

CAP 理论能够对这一问题的解决提供相应的理论指导。CAP 理论指的是分布式系统的一致性（Consistency）、可用性（Availability）和分区容错性（Partition Tolerance）。一致性指的是所有的节点能够访问同一份最新的数据，可用性指的是所有的用户访问能够得到正确的响应，分区容错性指的是分布式系统能够容忍多个节点之间的信息不同步。CAP 理论对分布式系统协同具有一定的指导意义，但在实际操作中，一致性、可用性和分区容错性并不能得到很好的保证，往往都会有相应取舍。如对于微博等互联网应用，往往会保证其可用性和分区容错性，而适当放弃一致性；而在银行场景下，其一致性必须得到有效保障。

针对分布式系统一致性问题，在 CAP 理论的基础上，eBay 的架构师提出了 BASE 理论[基本可用（Basically Available）+软状态（Soft State）+最终一致性（Eventually Consistent）]，其核心思想是如果无法保证 CAP 理论中提出的强一致性，则可以结合业务自身的特性，来保证业务的最终一致性。BASE 理论指的是基本可用、软状态和最终一致性。基本可用指的是可以牺牲或者损失部分的响应时间或者部分系统功能来对外提供服务；软状态指的是并不需要所有动作都完成才能进行下一步，即可以不满足数据库管理系统在写入或更新资料时的原子性；最终一致性指的是可以异步而非实时同步系统数据或者状态。

2．分布式调度

在单体应用中，所有的定时任务都是在一个服务器的一套程序中运行的，而在分布式系统中，不同的定时任务会被拆分到不同的子系统中，同时，这些子系统可能会被重复部署在不同的设备上，在这种情况下，如何避免同一任务的重复处理呢？

　　电商场景下的分布式改造如图 1-14 所示，可以看到在单体应用中电商相关功能模块全都被部署在同一服务器中，由于业务增长，访问量增加，导致原有的单体应用无法承载现有访问量，因此需要对单体应用进行分布式改造。但是，在原来单体应用中的定时任务，可能会在分布式应用中被重复处理，那么，在处理过程中，哪些任务需要优先处理也是需要解决的问题。

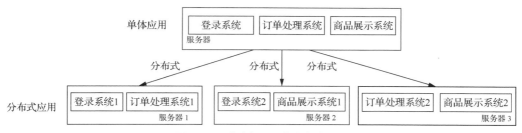

图 1-14　电商场景下的分布式改造

　　在分布式架构中，主要包括单体调度和两层调度这两种方式。在单体调度中，分布式系统集群中只有一个节点运行调度进程，这个节点对集群中的其他节点都有访问权限，该节点可以搜集其他节点的资源情况、状态信息等，同时，还可以根据用户请求下发任务到具体的节点。单体调度一般被用于小规模的集群中，能够适应单一的业务场景，目前的产品有 Kubernetes。在两层调度中，第一层调度器负责资源管理和分配，第二层则负责任务与资源的匹配情况。两层调度架构如图 1-15 所示，第一层调度器会将其收集的集群资源信息发送到第二层调度器中，第二层调度器根据任务资源需求和收到的集群资源信息进行适配和调度，这种两层调度适合用于中等规模的集群，目前的产品有 Apache Mesos。

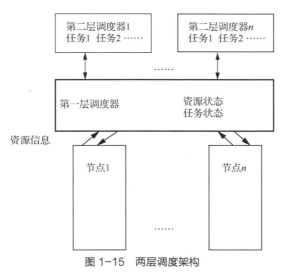

图 1-15　两层调度架构

1.3.3　分布式技术框架

1. 分布式计算

　　分布式计算中包括批处理任务计算、离线计算、流计算等多种类型，目前也有相应的处理框架，如批处理框架 MapReduce、流处理框架 Storm、批流一体框架 Flink 和 Spark 等。如图 1-16 所示，批处理框架 MapReduce 通过将一堆杂乱无章的数据按照某种特征归纳起来，进行处理得到最终结果，它适用于 Web 访问日志分析、数据查找等场景。流处理框架 Storm 是 Twitter 发布的开源分布式实时大数据处理框架，它适用于网站统计、推荐系统、金融系统等场景。Flink 是为分布式流处理应用程序打造的开源流处理框架，不仅能够进行实时计算，也能够进行批量数据处理，可以应用于反欺诈、异常检测、电子商务中的持续 ETL（Extract-Transform-Load）等场景。Spark 是一种基于内存的大数据计算引擎，集批处理、实时流处理、交互式查询、图计算和机器学习于一体，可以应用于用户推荐系统、舆情分析等实时业务场景。

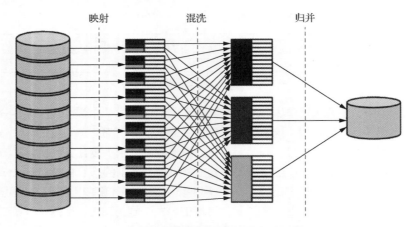

图 1-16　批处理框架 MapReduce 示意

2. 分布式数据存储与管理

分布式数据存储和管理包括分布式文件系统、分布式数据库和分布式缓存等。相比于集中式存储，分布式文件系统能够存储更大规模的数据，并将数据分散存储在不同设备上。目前，常见的分布式文件系统主要包括 HDFS、Ceph 等，其中，HDFS 被设计成适合部署并运行在通用硬件上的分布式文件系统，能够提供数据的高吞吐量，适用于大数据集的应用，可以被应用于网站数据存储、气象数据存储等场景。Ceph 可以提供块存储、文件存储和对象存储，单就分布式文件存储而言，具有较好的性能和可用性，在云计算中，适合作为 OpenStack 的后端存储。分布式数据库和分布式文件系统类似，在物理上分散部署，在逻辑上集中整合成一个大型数据库。目前，分布式数据库包括 OceanBase、GaussDB 等，在华为云上，GaussDB（for openGauss）是一种企业级分布式数据库，能够承载 1000 多个节点，同时，支持在 x86/鲲鹏上进行部署，被广泛地应用于金融、电信等行业。分布式缓存则主要为了提高大流量访问时的数据命中率，提高访问的反应速度，目前已有的分布式缓存产品包括 Redis、Memcached 等，华为云 GuassDB（for Redis）对数据采用三副本的存储方式，将数据冷热分离，同时，支持原生 Redis，适用于视频直播、电商、在线教育等场景。

课外扩展

① 块存储：将一到多块硬盘通过一些技术手段，抽象成一到多个逻辑卷，提供给主机使用。

② 文件存储：在文件存储中，文件系统好比每本书的"目录"，用户可以通过目录检索到相关数据。

③ 对象存储：在日常生活中，我们使用的网盘其实就是对象存储的一种形式，对象存储区别于文件存储，每个对象具有唯一的对象ID，主要用于备份、静态网站托管等场景。

3. 分布式消息

在对应用进行集中式部署时，消息的传递往往是实时的，而在分布式系统中，由于系统的不同组件被部署在不同的载体中，消息的传递往往是异步的。目前，比较受欢迎的分布式消息中间件包括 ActiveMQ、RabbitMQ、Kafka 和 RocketMQ。其中，ActiveMQ 支持的协议较多，包括 OpenWire、MQTT、AMQP 等，Kafka 则适合日志等场景。

在华为云上，提供了分布式消息服务（Distributed Message Service，DMS），DMS 很好地兼容了业界主流的 Kafka、RabbitMQ 和 RocketMQ。

第2章

云计算平台与服务

02

学习目标

- 了解国内外主流云计算平台。
- 熟悉云管理平台的发展、体系架构和核心能力。
- 熟悉云计算的部署模式和服务。

近几年，云计算产业增长迅猛。在为互联网产业提供支撑的同时，云计算技术已经向制造、金融、政务、医疗、教育等多领域延伸。通过整合各类资源，云计算促进了产业链上下游的高效对接，实现了传统行业与信息技术的融合发展，也为大众创业、万众创新提供了重要基础。本章主要介绍国内外主流的云计算平台产品，云管理平台的发展、体系架构与核心能力，以及云计算部署模式和服务。

2.1 主流云计算平台简介

随着云计算产业的高速发展，云计算技术实现了分布式、网络化、虚拟化、自动化和动态化，引领了计算模式的革命性变革。云计算平台是一种基于云计算技术构建的软件和服务平台，它提供了一种可靠、灵活、可扩展的方式来构建、部署和管理应用程序和服务。云计算只有做成大平台，才能满足未来海量信息的计算和存储要求，也可以说，云计算平台、云管理平台为云计算的实践提供了真正的落脚点。

2.1.1 国外主流云计算平台

国外主流云计算平台有 AWS、Microsoft Azure 和 GCP 等，具体介绍如下。

（1）AWS。亚马逊网络服务（Amazon Web Service，AWS）是亚马逊公司旗下云计算服务平台，为全世界各个国家和地区的客户提供一整套基础设施和云解决方案。AWS 拥有广泛的全球云基础设施，已在全球 33 个地理区域内运营着 105 个可用区（Available Zone，AZ），AWS 面向用户提供包括弹性计算、存储、数据库等基础设施技术以及机器学习、人工智能、数据湖、物联网等一整套云计算服务，帮助企业降低 IT 投入和维护成本，业务和数据轻松上云。

（2）Microsoft Azure。Microsoft Azure 是由微软所开发的一套云计算操作系统（云平台），提供各种优质的服务，包括计算、存储、数据、网络和应用程序。Microsoft Azure 是微软的公用云端服务（Public Cloud Service）平台，是微软在线服务（Microsoft Online Services）的一部分，自 2008年开始发展，于 2010 年 2 月正式推出，目前全球有 54 座数据中心以及 44 个内容分发网络（Content

Delivery Network，CDN）跳跃点（POP），并且于 2015 年时被 Gartner 列为云计算的领先者。目前，Microsoft Azure 提供了 30 余种服务和数百项功能。

（3）GCP。Google 云平台（Google Cloud Platform，GCP）是一系列由 Google 提供的云计算服务，在运行 Google 搜索和 YouTube 的服务器上提供基础设施服务、平台服务及无服务器计算环境。除提供管理工具外，Google 云平台还提供了一系列模块化云服务，包括云计算、数据存储、数据分析及机器学习等。

2008 年 4 月，Google 发布了应用程序引擎，这是其旗下首款云计算服务，为开发者提供位于 Google 数据中心的网页应用开发及托管服务。2011 年 11 月，应用程序引擎正式向大众开放，自其发布以来，Google 为其云平台添加了多款服务。

2.1.2　国内主流云计算平台

国内主流云计算平台有阿里云、天翼云、腾讯云、联通云、华为云和移动云等，具体介绍如下。

（1）阿里云。阿里云的电商、金融、线上到线下（Online to Office，O2O）等行业解决方案是亮点。阿里云与国家天文台成立了天文大数据联合研究中心，同时，阿里云还获批两个大数据国家工程实验室。此外，阿里云还与国内高等学府、研究机构等合作，将前沿技术研究成果应用到实际业务中，创造了极大的价值。

（2）天翼云。"云网融合、专享定制、安全可信"是天翼云的三大差异化优势。中国电信天翼云从专属云、专网云、定制云、安全云 4 个方面为客户提供一揽子解决方案。天翼云在资源池建设上加大投入，与此同时，中国电信与华为公司进一步加深磨合，力求打造满足政企客户需求的云服务。

（3）腾讯云。腾讯云的游戏、金融、音视频、大数据等行业服务能力突出，特别是游戏、金融、视频这三大领域，是腾讯云之所长，且这 3 条业务线为腾讯云贡献了总业务量的 50%以上。在前沿技术领域，通过腾讯科恩实验室、玄武实验室的信息安全研究，腾讯云在云计算技术及物联网设备的前沿安全攻防方面也许能给业界带来更多的惊喜。

（4）联通云。联通云系列云计算产品包括云基础设施、企业之间（Business to Business，B2B）的企业业务和面向消费者（Business to Customer，B2C）的公众业务三大领域。与同类产品相比，联通云具备带宽直连互联网协议（Internet Protocol，IP）骨干网和大出口带宽的网络优势，以及全国 10 个数据中心、30 个资源池的基础设施优势。在服务方面更是具备弹性、灵活的业务功能、6 级安全机制、全国点多面广的服务优势。

（5）华为云。华为云主要在硬件、存储及网络方面为电信行业提供服务，其竞争力主要有两点——面向电信运营商的云服务、移动应用开发者云服务。华为是全球少数几家能够提供端到端云计算解决方案的厂商之一，这使得华为云具备了极佳的竞争力。此外，华为作为手机厂商还拥有天然的入口优势。

（6）移动云。中国移动致力于构建开放、共赢的产业生态，打造移动云的生态系统。中国移动保障包括遍布全国的互联网数据中心（Internet Data Center，IDC）基础设施和云基础设施的正常运行，在大数据分析以及教育、医疗、车联网和电子政务等应用上都有着丰富的经验。中国移动云计算产品涵盖 IaaS、PaaS、SaaS 这 3 层体系。

2.2　云管理平台

云管理平台能够帮助企业或组织有效地管理和监控其云计算资源，它能够使用户在云环境中管理虚拟化的计算、存储和网络资源。

2.2.1 云管理平台的发展

云管理平台自其诞生后一直在不断发展和演变，在内涵、与企业应用的集成度、对云网能力的要求和平台运维方面均有了不同程度的发展和优化。

1. 云管理平台的内涵在不断拓展

根据 Gartner 发布的最新云管理轮式模型（The Cloud Management Wheel），可以将其分为 4 个范畴，即自动化、纳管、治理、生命周期。这 4 个范畴下包含 8 个功能类别，分别是服务开通与编排、服务请求管理、监控与分析、资源发现与分析、费用管理与资源优化、云迁移与灾备、身份认证与安全合规、集成与交付。云管理平台的内涵呈现不断拓展的趋势，具体如下。

（1）自动化。由自动化发送服务请求、自动化编排、自动化交付，扩展到具有自动化运维、自动化运营能力；由全面分析资源使用和费用支出，扩展到提供优化建议，及时发现与回收闲置资源，调整低效资源；由提供系统监控、告警，扩展到自定义监控分析报告，提供告警建议、告警自愈能力。运维运营逐渐向自动化甚至智能化方向发展。

（2）纳管。由多公有云、私有云、裸金属服务器、多种异构基础设施资源纳管，扩展到多数据中心、多虚拟化技术、多 PaaS 平台、多分布式边缘计算统一管理，形成 IaaS/PaaS 协同、云边协同的资源纳管形态。

（3）治理。由提供事件工单管理，定义角色和权限，与企业配置管理数据库（Configuration Management Database，CMDB）、单点登录系统（Single Sign On，SSO）集成，设置配额等，扩展到安全性、合规性审计；由对接公有云 OpenAPI，扩展到自身提供开放的 RESTful API，具备快速融入企业 IT 架构的能力。

（4）生命周期。由云资源的接入、开通、使用，扩展到云资源规划、服务交付、应用部署、运维保障、资源计费、资源回收的全生命周期管理。云管理平台的全生命周期承载着向下对接和向上服务的双重任务，既需要完成日常的监控、流程及运营自动化等工作，同时还要持续满足企业 Day0 规划、Day1 部署、Day2 变更的数据中心运营要求。

2. 与企业应用的集成更加紧密

云管理平台本身就是一种集成与被集成的产品，需要与企业数据中心内部已有的各类运维支撑工具平台、应用部署平台进行对接集成。通过调用云服务厂商 OpenAPI 集成云上资源，通过提供 RESTful API 与企业其他应用系统快速对接。云管理平台提供统一的应用程序接口（Application Program Interface，API）网关，抽象各云平台的 API 差异，提供了一系列的鉴权、API 生命周期管理、API 服务消费及管理能力，简化企业对各云平台的集成，以及与企业内部 IT 服务管理工具和产品的对接，体现云管理平台的开放性和兼容性。例如，云管理平台提供的治理和控制功能使管理员能够定义角色和权限层次结构，与企业和公有云目录和身份验证服务（单点登录 SSO 等）集成，设置和执行成本、其他配额和限制，并使用标记的资源跟踪、更改历史记录，以执行合规性策略。未来，云管理平台将与企业更多的应用系统集成。

3. 对云网能力的要求逐渐提高

云管理平台的部署场景中，企业用户 IT 基础设施不仅包含部署在本地 IDC 的部分，还包含用户在公有云购买的部分资源，以及本地和云之间的云间互联网络。云管理平台应该实现通过一个平台管理企业所有的 IT 基础设施。首先是管理平面的统一和融合，实现私有云和公有云资源的统一

API 访问，不仅实现资源的管理，还包括账单的统一、资源管理的统一，让用户的跨云调用就像使用云平台一样便利。其次是数据平面的打通，通过和跨云网络方案的整合，如与软件定义广域网络解决方案的整合，实现控制平面和数据平台的协同，达到整个平台的跨云互通。另外，云管理平台还将提供跨云数据迁移的工具，方便用户实现跨云的应用迁移。总之，随着企业纷纷将应用迁移至云端，软件定义广域网络等网络架构能否支持基于云的应用已变得越来越重要，因此对云管理平台云网能力的要求也在逐渐提高，只有这样，才能更好地助力企业实现多云战略。

4. 从自动化运维向智能运维转变

云管理平台已不再局限于通过自动化作业完成运维任务，而是致力于实现智能化运维。一方面，可以优化 IT 资源分配的调度策略，找出闲置的 IT 资源，提升 IT 资源的利用率；另一方面，可以提前预测资源需求和发现系统故障隐患，确保系统的平稳运行和扩展。越来越多的厂商开始尝试智能运维，主要包括对场景、事件、告警、故障等进行建模、关联、根源分析，构建大数据分析平台对数据进行深度挖掘，并通过机器学习增强智能运维引擎的认知能力。最终，实现针对各种运维问题的自动化"发现、定位、分析、处置、通知"流程闭环，使得 IT 基础设施更加智能化，帮助企业 IT 人员克服未来的 IT 基础设施在规模、效率和复杂度方面的挑战。

2.2.2　云管理平台体系架构

云管理平台的主要任务是将多云和异构资源转化为云服务。面向管理员提供管控、运营和运维的能力；面向用户提供自助服务能力。因此，其体系架构自底向上大体可以归纳为如下层级：云平台层、云资源适配层、云资源管理层、云服务管理层、云运营层和统一门户。云管理平台采用微服务架构对上述层级进行统一注册和管理，每个层级具有一定独立性，便于升级、维护和替换。云管理平台体系架构如图 2-1 所示。

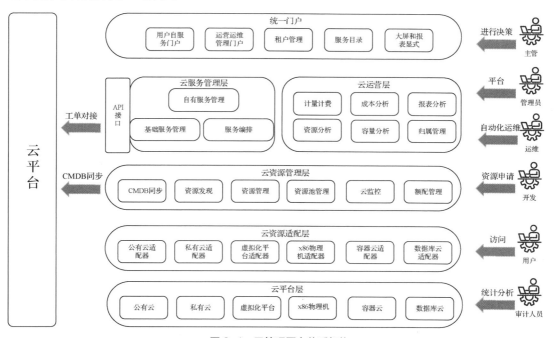

图 2-1　云管理平台体系架构

云管理平台各层模块的描述如下。

（1）云平台层。云管理平台管理的主要对象，云管理平台支持对以 OpenStack、VMware 为代表的私有云进行管理；支持对以 AWS、阿里云、腾讯云为代表的公有云进行管理；支持对以 Kubernetes、Rancher 为代表的容器云进行管理；另外也支持对各种虚拟化平台、x86 物理机和数据库云等进行管理。

（2）云资源适配层。云管理平台一般通过构建对接适配层并设计各个可插拔的适配组件（或称为插件）对云平台层的各类资源池或 IT 基础设施等进行对接管控。这些适配组件将各种异构资源的模型转义为云管理平台定义的统一模型，屏蔽下层异构资源的差异化 API 并封装成统一的接口供上层调用。此外，通过增加资源适配组件，还可以在不影响云管理平台整体架构基础上快速增加对新资源的管控能力。

（3）云资源管理层。云管理平台的基础功能是针对异构资源的管理。该层负责管理各种注册到平台的资源池，并对资源池中每一种资源（如虚拟机、容器、存储卷、子网等）的生命周期（如创建、修改、删除、开启、关闭等）进行管理。该层还支持对系统存量资源进行统一纳管，并与配置管理数据库进行实时或异步数据同步。

（4）云服务管理层。云管理平台将私有云、公有云的各种异构资源进行池化并抽象为统一的资源模型，再通过统一的编排引擎，将资源转换为服务供用户使用，如 IaaS、PaaS、SaaS 等。云服务管理层主要对各类云服务进行统一纳管，包括基础服务管理和自有服务管理，并支持各类云服务的编排。

（5）云运营层。云运营模块面向运营管理员提供服务支撑，主要包括计量计费、成本分析、报表分析、资源分析、容量分析和归属管理等功能。能够跟踪资源使用情况，为用户提供费用透明度和成本控制；能够配置和管理自动化运维任务，如备份、容量扩展、升级等。

（6）统一门户。针对不同的用户群体，云管理平台提供 3 种不同的门户：为最终用户提供自服务门户，用户可通过该门户自助生成所需的各种资源；为运营管理员提供运营门户，实现各种平台运营功能；为运维管理员提供运维门户，实现各种平台运维功能。针对统计和展示场景，云管理平台还会提供大屏和报表显示，通过可视化图表方式清晰展示平台各项资源数据和性能指标。此外，在不同的应用需求和场景下，云管理平台门户还可以支持除浏览器之外的多种客户端，如手机 App、微信小程序等。

最后，单一管理平台若无法提供企业所需的所有 IT 功能，云管理平台还能通过开放的 API 接口和第三方系统进行对接，或者和其他云管理平台进行数据整合，以实现更为全面的管理功能。

2.2.3　云管理平台核心能力

针对云管理平台的定位，云管理平台需要提供的核心能力包括如下几个方面。

1. 多云、多基础设施的适配整合能力及开放扩展支持能力

由于异构基础设施的广泛存在，在未来一段时间企业内部可能会同时存在公有云、私有云、虚拟化环境以及传统物理机器。因此，云管理平台需要具备各类云平台及厂商的对接纳管能力，以支撑对接后需要的服务管理运维场景，同时能够随基础架构演进，开放扩展支持新的基础设施，满足"开放封闭"原则，支持新的云平台只需要扩展适配层，而不需要修改上层功能层。多云、多基础设施的适配整合能力主要涵盖支持云平台类型版本、支持云服务范围和深度，如计算、网络、存储、PaaS 中间件、数据库、负载均衡、安全组防火墙等。

2. 多云、多基础设施的编排能力

多云、多基础设施的编排能力是云管理平台的核心能力之一，这个能力决定了云管理平台面向云用户以及云管理员所提供的能力范围和深度。编排能力包括支持的云平台及云服务范围和操作类型，以及支持的任务类型，包括脚本、人工任务、应用部署和定义编排的能力等，是云管理平台构筑强大能力的核心引擎。

3. 以服务目录为主要载体的服务管理能力

服务目录是在传统 IT 服务管理中普遍存在的产品形态，但是云管理平台对服务目录的定义有了新的内涵。一个云管理平台中的服务目录必须具有"跨多资源池""集群级别自动创建""内置的应用视角计量计费"等能力，而这些能力在传统 IT 服务管理的服务目录中都不具备。

4. 多租户、多层次的资源访问管理能力

目前的云管理平台界面普遍采用"扁平化"设计模式，即一个用户能够管理和查看当前账号下的所有类型与所有应用的资源，这和大型企业需要多层次、多应用资源隔离管理的需求不匹配。例如，很多公司的网段划分、防火墙端口设置都由专门的职能团队管理，普通业务团队需要遵循相应的规则。因此，云管理平台需要在资源访问管理上适配企业内部的组织结构和管理方式。

5. 集成与被集成的能力

云管理平台落地需要与企业数据中心内部已有的各类运维支撑工具平台、应用部署平台进行对接集成，如 IT 服务管理、CMDB、堡垒机、监控、备份、持续集成平台、持续部署平台、漏洞扫描系统等，以实现系统集成，融入数据中心的工具体系，整合实现统一登录、流程接入、管理数据的自动同步及共享、减少人工集成配置工作。除此之外，云管理平台还包括如费用管理、账单分析、操作审计等多个方面的能力要求，是用户进行云平台资源管理的一个基础性平台。

2.3 云计算部署模式

云计算的部署模式有 4 种，分别是公有云、私有云、社区云和混合云。图 2-2 所示为私有云、公有云和混合云部署示意。

图 2-2 私有云、公有云和混合云部署示意

2.3.1 公有云

公有云的服务提供商拥有云计算基础设施，并且为公众或者企业用户提供云计算服务。由于公

有云的服务对象没有特定限制，它为外部用户提供服务，因此公有云也被称为外部云。同时，服务提供商自己也可以作为公有云的用户，例如，微软公司内部的一些 IT 系统也在其对外提供的 Microsoft Azure 平台上运行。对用户而言，公有云的主要优点是其所有的应用程序及相关数据都存放在公有云平台上，无须前期的大量投资和漫长的建设过程。公有云目前主要的问题是应用和数据不存储在用户自己的数据中心，因此其安全性和隐私性等问题会引起用户的担忧。尤其是对于大型企业和政府部门，它们对这方面的要求更高。另外，公有云的可用性不受用户控制，因此可用性方面也存在一定的不确定性。公有云的推广一方面需要从技术和法规等来完善所提供的服务，另一方面也需要用户观念和意识的转变。就像银行刚开始出现的时候，人们对将钱存放在银行里存在诸多忧虑。但后来的事实证明，只要技术足够先进，法规足够完善，这种担忧是多余的。

全球云计算市场规模总体呈稳定增长态势，IaaS 市场保持快速增长，计算类服务为 IaaS 主要的类型，PaaS 市场增长稳定，数据库服务需求增长较快，其中，应用基础架构和中间件服务将占据近一半的市场份额。虽然数据库服务的市场占比相对较低，但随着大数据应用的发展，分布式数据库需求明显增加，且服务呈现多样化的趋势。SaaS 市场增长缓慢，客户关系管理（Customer Relationship Management，CRM）、企业资源计划（Enterprise Resource Planning，ERP）、办公套件仍是 SaaS 主要的服务类型。

云服务巨头厂商在不断地扩大自己的领先优势。由于公有云不仅需要大规模的资金、技术、管理与服务投入，而且对技术门槛和成熟度的要求也都比较高，经过几年的发展，IaaS 的市场壁垒已经形成。因此，后来者很难以技术革新的方式达成突破，几大巨头云服务厂商的优势明显，整体格局难以动摇。2022 年下半年主要公有云服务厂商及其市场份额占比如图 2-3 所示，2022 年主要公有云服务厂商市场份额情况如图 2-4 所示。

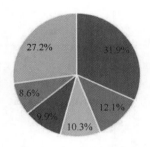

图 2-3　2022 年下半年主要公有云服务厂商及其市场份额占比

公司	2022年收入	2022年市场份额（%）	2021年收入	2021年市场份额（%）	2021~2022年增长率（%）
亚马逊	48.126	40.0	35.380	38.1	36.0
微软	25.858	21.5	19.153	20.6	35.0
阿里巴巴集团	9.281	7.7	9.060	9.8	2.4
谷歌	9.072	7.5	6.433	6.9	41.0
华为	5.249	4.4	4.190	4.5	25.3
其他	22.746	18.9	18.565	20.0	22.5
总计	120.333	100	92.782	100	29.7

图 2-4　2022 年主要公有云服务厂商市场份额情况

2.3.2 私有云

私有云是由某个机构在其内部建设、运营的云平台，专供该机构自己使用。由于私有云的特点是其服务不对外提供，仅供机构内部人员或分支机构使用，因此私有云也被称为内部云。对于那些已经有大量数据中心，或者由于各种原因暂时不会采用第三方云计算服务的机构，私有云是一个比较好的选择。此外，私有云也适用于有众多分支机构的大型企业或政府部门。随着这些大型数据中心的集中化，私有云将会成为主流的 IT 系统部署模式。

与公有云不同，私有云部署在企业内部，因此它的优势是数据安全性、系统可用性等都可由机构自己控制。私有云的缺点需要大量的前期投资，仍然采用传统的商业模型。还有一个问题是它的规模相对公有云来说一般要小得多，因此经济学上的规模效应无法充分发挥出来。私有云实际上是企业应用云计算相关技术来提高自身信息服务效率的一种方式。电信云也属于私有云。

需要说明的是，虽然私有云不对外提供服务，但可以将私有云平台的建设和运维委托给其他机构完成。

2.3.3 社区云

社区云的云计算基础设施由多个有着相同需求或利益的组织所共享，并为这些组织提供特定应用功能和工具。社区云可以按行业进行分类，如医疗云、教育云、金融云、生产制造云、物流云、建筑云等。这类云通过在云平台上部署特定行业的应用，可以更好地为某一行业内的多个机构提供服务，因此社区云也被称为行业云。社区云也可以按照区域位置进行划分，例如，某个区域工业云是给该工业集聚区内所有中小型企业提供云服务（如工业 SaaS、工业 IoT 等）的工业云平台。

2.3.4 混合云

混合云的云计算基础设施由上述云计算部署模式中的两种或两种以上组合而成，对外仍然表现为一个整体。混合云与其说是一种云计算的部署方式，不如说是一种用户使用云计算服务的方式。用户在使用混合云的云计算服务时，往往既使用了公有云的服务，又使用了私有云的服务，这些云通过统一的管理和接口为用户提供一致的服务。例如，一个组织使用了亚马逊的公有云弹性计算服务，但是它还可以把一些核心的数据同时存储在基于自己数据中心的私有云平台上。当然，在使用混合云的情况下，用户可能需要解决不同云平台之间的集成问题。

据中国信息通信研究院调查，未来几年国内混合云的应用比例将大幅提升。国际数据公司（International Data Corporation，IDC）预测，未来全球混合云将占据整个云计算市场份额的 67%。可见，混合云将被越来越多的企业所采用。

2.4 云计算服务

云计算服务典型的三层架构分别是 IaaS、PaaS、SaaS，其中 IaaS 在最下端，PaaS 在中间，SaaS 在顶端。除此之外，在三层架构模型上也衍生出其他的一些层次模型，如数据库即服务（Database as a Service，DaaS）、区块链即服务（Blockchain as a Service，BaaS）等。

基础设施、平台、软件依托于云计算平台，提供了丰富的、即开即用的云计算服务。常见的云计算服务有计算云服务、存储云服务、网络云服务、安全云服务等。

2.4.1 计算云服务

计算云服务主要是指提供计算资源（如虚拟机、物理服务器、容器等）以及相关配套服务（如镜像管理、弹性伸缩等）的云服务总称。各个云服务厂商都会提供各自的服务，名称可能会略有不同，但类型大致相同，后续云服务都以华为云为例。下面介绍常用的云服务。

ECS（Elastic Cloud Server），即弹性云服务器，本质上就是云平台提供的虚拟机，是由 CPU、内存、镜像和云硬盘组成的一种可随时获取、弹性可扩展的计算服务器，同时结合虚拟私有云、虚拟防火墙和云服务器备份等云服务，为用户打造一个高效、可靠和安全的计算环境，确保用户的服务持久、稳定运行。

BMS（Bare Metal Server），即裸金属服务器，为租户提供专属的物理服务器，拥有卓越的计算性能，能够同时满足核心应用场景对高性能及稳定性的需求，并且可以和虚拟私有云等其他云服务灵活地结合使用，综合了传统托管主机的稳定性与云上资源高度弹性的优势。

IMS（Image Management Service），即镜像服务，是一个包含软件及必要配置的弹性云服务器模板，至少包含操作系统，还可以包含应用软件（如数据库软件）和私有软件。镜像分为公共镜像、私有镜像和共享镜像。用户可以灵活、便捷地使用公共镜像、私有镜像或共享镜像申请弹性云服务器。同时，用户还能通过弹性云服务器或外部镜像文件创建私有镜像。

AS（Auto Scaling），即弹性伸缩，是指该服务能够根据用户的业务需求，通过策略自动调整其业务资源。用户可以根据业务需求自行定义伸缩配置和伸缩策略，减少人为反复调整资源以应对业务变化和高峰压力的工作量，帮助用户节约资源和人力成本。

2.4.2 存储云服务

EVS（Elastic Volume Service），即云硬盘，是一种虚拟块存储服务，主要为 ECS 和 BMS 提供块存储空间。用户可以在线创建云硬盘并挂载给实例，云硬盘的使用方式与传统服务器硬盘完全一致。同时，云硬盘具有更高的数据可靠性、更强的 I/O 吞吐能力和更加简单易用等特点，适用于文件系统、数据库或者其他需要块存储设备的系统软件或应用。

OBS（Object Storage Service），即对象存储服务，是基于对象的海量存储服务，为客户提供海量、安全、高可靠、低成本的数据存储能力，适合存储任意大小和类型的数据，适合普通用户、企业和开发者使用。OBS 是一项面向 Internet 访问的服务，提供基于超文本传送协议/超文本传输安全协议（Hypertext Transfer Protocol/ Hypertext Transfer Protocol Secure，HTTP/HTTPS）的 Web 服务接口，用户可以随时随地连接到 Internet 的计算机上，通过 OBS 管理控制台或各种 OBS 工具访问和管理存储在 OBS 中的数据。此外，OBS 支持软件开发工具包（Software Develop Kit，SDK）和 OBS API，方便用户管理自己存储在 OBS 上的数据，以及开发多种类型的上层业务应用。

SFS（Scalable File Service），即弹性文件服务，为用户的 ECS 提供一个按需扩展、弹性伸缩的高性能共享文件系统，符合标准文件协议（网络文件系统协议和通用 Internet 文件系统协议），能够弹性伸缩至 PB 规模，具备高可用性和持久性，为海量数据、高带宽型应用提供有力支持。

2.4.3 网络云服务

VPC（Virtual Private Cloud），即虚拟私有云，是一套为云服务器（包括弹性云服务器和裸金属服务器）构建的逻辑隔离的、由用户自主配置和管理的虚拟网络环境，旨在提升用户资源的安全性，简化用户的网络部署。

EIP（Elastic IP），即弹性 IP，是基于云外网络（简称外网，云外网络可以是外网 Internet，也可以是企业内部局域网）上的静态 IP 地址，是可以通过外网直接访问的 IP 地址，通过网络地址转换（Network Address Translation，NAT）方式映射到被绑定的实例上。

ELB（Elastic Load Balance），即弹性负载均衡，是将访问流量根据转发策略分发到多台后端云服务器的流量分发控制服务。弹性负载均衡可以通过流量分发扩展应用系统对外的服务能力，实现更高水平的应用程序容错性能。弹性负载均衡可以消除单点故障，提高整个系统的可用性。同时弹性负载均衡是内网外网统一部署，支持虚拟专用网络（Virtual Private Network，VPN）、专线及跨 VPC 访问能力。

VPN 用于在远端用户和 VPC 之间建立一条符合行业标准的、安全加密的通信隧道，可将已有数据中心无缝扩展到 VPC 上，提供可靠、安全的加密通道。

2.4.4 安全云服务

边界防火墙服务（Edge Firewall Service）针对云数据中心与外部网络之间的南北向流量，为用户提供边界安全防护功能，支持以弹性 IP 为防护对象的入侵防御系统（Intrusion Prevention System，IPS）和网络防病毒（Anti Virus，AV）功能。

云防火墙服务（Cloud Firewall Service）为租户 VM 提供微隔离能力，并通过流量可视化和基于业务属性标签的安全策略配置，降低安全运维的复杂度。

主机安全服务（Host Security Service，HSS）是提升主机整体安全性的服务，通过主机管理、风险预防、入侵检测、高级防御、安全运营、网页防篡改等功能，全面识别并管理主机中的信息资产，实时监测主机中的风险并阻止非法入侵行为，帮助企业构建服务器安全体系，降低当前服务器面临的主要安全风险。

Web 应用防火墙（Web Application Firewall，WAF），通过对 HTTP/HTTPS 请求进行检测，识别并阻断结构化查询语言（Structured Query Language，SQL）注入、跨站脚本攻击、网页木马上传、命令/代码注入、文件包含、敏感文件访问、第三方应用漏洞攻击、挑战黑洞（Challenge Collapsar，CC）攻击、恶意爬虫扫描、跨站请求伪造等攻击，保障 Web 服务安全稳定。

除了以上所述的几类云计算服务，云平台还可提供数据库、大数据、AI、容器、容灾备份等不同类型的云计算服务，以适应当下 IT 环境中的各类应用场景，从而达到降低成本、提升效率的目的。

第3章
云计算新技术及其发展趋势

学习目标

- 了解大数据技术及其发展趋势。
- 了解人工智能技术及其发展趋势。
- 了解云计算安全技术及其发展趋势。

随着"云、大、物、智"的快速融合发展，大数据、人工智能、云计算安全等基于云计算的新技术蓬勃发展，大数据存储、机器学习、深度学习算法和云计算安全技术正发挥越来越重要的作用。

本章主要介绍和云计算技术相关的新技术及其发展趋势，包括大数据技术、人工智能技术和云计算安全技术等内容。

3.1 大数据技术

本节主要介绍大数据相关知识，包括数据发展历程、大数据的定义和特点、大数据分析与传统数据分析对比、Hadoop 大数据生态系统，以及云上大数据发展趋势。

3.1.1 大数据技术及现状

1. 数据发展历程

第一次工业革命将世界带入"蒸汽时代"，并引发了一系列社会变革，英国也因此一举成为世界上第一个工业化国家；19 世纪 70 年代，第二次工业革命开始，以交流电的大规模使用为契机，人类进入了"电气时代"；第三次科技革命又称为信息技术革命，以核能、电子计算机等技术的发明和应用为主要标志，涉及信息技术、新能源技术、新材料技术等多个技术方向；第四次科技革命方兴未艾，一场围绕"云、大、物、智"等新兴信息技术的革命正在如火如荼地展开，全球主要经济体都已将数据开放作为发展战略，颁布了相关的数据开发战略，以促进未来经济发展。

大数据技术起源于谷歌公司在 2004 年前后发表的 3 篇论文，俗称"大数据时代"的"三驾马车"，分别介绍了谷歌文件系统（Google File System，GFS）、大数据分布式计算框架 MapReduce 和 NoSQL 数据库系统 BigTable，现在的大数据技术和框架也多基于这 3 项技术展开。大数据技术的思路不是聚焦在如何提升单台计算机的性能，而是先部署一个大规模的服务器集群，再通过分布式的方式将海量数据存储在这个集群上，然后利用集群上的所有服务器进行数据计算。大数据技术特别适合存储和计算 TB、PB 规模及以上的大数据文件。

除了顺应国家战略需求，在数据化、信息化的时代，经营者本身也需要进行一系列思维变革，以响应时代的特点，不仅要成为数据的管理者，更要成为数据的运营者，因为数据驱动用户体验、数据驱动决策、数据驱动流程。

2. 大数据的定义和特点

目前业界对大数据尚无公认的定义，但大多都试图从大数据的特征出发给出其定义。维基百科对大数据的定义是：大数据是指利用传统数据处理应用软件不足以处理的规模大或结构复杂的数据集。另外，研究机构 Gartner 也对大数据做出了定义："大数据"是需要新处理模式才能具有更强的决策力、洞察发现力和流程优化能力的海量、高增长率和多样化的信息资产。大数据分析相比传统的 BI、OLAP 或数据仓库应用，具有数据量大、查询分析复杂等特点。

总的来看，目前业界对大数据的定义有"4V"的特点：体量大（Volume）、类型多（Variety）、速度快（Velocity）、价值密度低（Value），如图 3-1 所示。

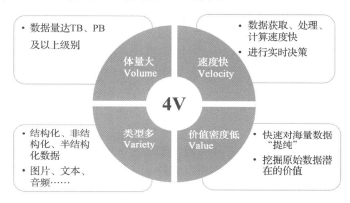

图 3-1 大数据的"4V"特点

① 体量大：一般情况下，当企业数据量达到 TB 及以上级别时才能称为大数据。

② 类型多：大数据包括结构化数据、非结构化数据和半结构化数据，包含图片、文本、音频、视频、网络日志等各种类型的数据，已经超过了传统关系数据库可以解决的数据范围。

③ 速度快：主要指数据获取的速度，随着电子商务、移动办公、物联网等技术的发展，数据产生的速度已经演进到秒级。企业要能够实时获取数据，实时处理数据，并实时进行决策。

④ 价值密度低：整体数据的价值越来越高，但因为数据量的增大，数据价值密度逐渐降低，无价值数据占据大部分，企业需要从海量的数据中寻找价值。

3. 大数据分析与传统数据分析对比

相比传统的数据分析，大数据分析在多个方面发生了较大的改变。

（1）从数据规模来看，传统数据分析大多使用数据库存储数据，数据处理规模以 MB 为单位，而大数据的处理规模则以 TB、PB 为单位。如果将"鱼"比作数据，传统数据分析如同"在池塘中捕鱼"，大数据分析则如同"在大海中捕鱼"。

（2）数据类型从原来的单一的结构化数据向非结构化数据、半结构化数据等转变。

（3）传统数据分析处理工具比较单一，适用性较强，同时也都是先有模式后有数据的处理关系。而大数据分析没有一套通用的工具，工具随着处理数据的变化有可能需要更换，同时数据处理的模型也会随着数据的增多而不断演变。

4. Hadoop 大数据生态系统

2006 年，Doug Cutting 启动了一个独立的项目，专门开发、维护大数据技术，这就是后来的 Hadoop。

Hadoop 生态系统中的组件基本上都是为了处理超过单机尺度的数据而诞生的，Hadoop 大数据生态系统架构是目前应用极为广泛的分布式大数据处理框架，具备高可靠、高效、可伸缩等特点。可以把 Hadoop 中的各组件比作一个厨房所需要的各种工具，每个工具有自己的特性，各有各的用处。虽然不恰当的工具组合也能完成烹饪，但一定不是最佳选择，类似地，企业应该选择最适合的、性价比最高的工具组合处理大数据。Hadoop 大数据生态系统架构组件如下。

（1）数据存储

① 分布式文件系统 HDFS

大数据首先需要解决的问题是数据存储。Hadoop 分布式文件系统（Hadoop Distributed File System，HDFS）是整个 Hadoop 体系的基础，负责数据的存储与管理。HDFS 的设计本质上是为了让大量的数据能横跨成百上千台廉价机器进行存储，具有高容错性的特点。HDFS 能提供高吞吐量的数据访问，非常适合处理大规模数据集，并且通过放宽一部分 POSIX 约束（与可移植操作系统接口相关的规范和限制），实现了文件系统数据的流式读取。

HDFS 适合批量处理数据，而不是交互式处理数据。从用户的角度来看，其对外呈现并使用的是一个统一的文件系统，而不是很多文件系统，这样便于用户的读写操作，同时能够保证数据的有效性和唯一性。例如，用户想要获取某一路径下的文件，虽然文件数据是存放在多台不同的机器上的，但是用户不需要知道文件具体存放在哪些机器上，只需要引用一个文件路径就可以获取该文件。

HDFS 采用了主从（Master/Slave）结构模型，一个 HDFS 集群是由一个 NameNode 和若干个 DataNode 组成的。其中 NameNode 作为主服务器，管理文件系统的命名空间和客户端对文件的访问操作，DataNode 管理存储的数据。需要说明的是，在 Hadoop 2.0 中，HDFS 的联邦机制（Federation）允许集群中出现多个 NameNode，它们之间相互独立，各自管理自己的区域。Hadoop 2.0 中 HDFS 的这种高可用（High Availability，HA）特性，进一步消除了 Hadoop 1.0 中存在的单点故障，保证了集群的高容错性。

② 分布式列存储数据库 HBase

HDFS 是 Hadoop 默认的持久化存储层，而 HBase 是一种面向列的分布式数据库，适用于结构化数据的存储，不过 HBase 底层仍然依赖 HDFS 作为其物理存储。与适合用来对一段时间内的数据进行分析查询的数据仓库 Hive 相比，HBase 更适合用来对大数据进行实时查询。HBase 采用了增强的稀疏排序映射表，具有对大规模数据的实时读写能力，同时 MapReduce 可以基于 HBase 中的数据进行计算。最后，在部署 HBase 时还可以使用 ZooKeeper 进行协调。

（2）数据计算

当完成大数据的存储之后，就需要对大数据进行处理分析。根据大数据应用的不同场景，数据计算一般分为批处理计算、流计算、图计算、查询分析计算等。

批处理计算针对的是海量数据的批量处理场景，主要计算引擎包括 MapReduce 等。批处理计算通常对以"天"为单位产生的数据进行一次计算，然后得到分析计算的结果。例如，对商场每天的营业状况进行分析，计算的时间大约为一小时。因为计算的数据不是实时得到的数据，而是过去一段时间的历史数据，所以这类计算也被称为大数据离线批处理计算。

除离线批处理计算之外，还有一类场景需要对实时产生的大量数据进行即时计算，如搜索引擎实时热点信息统计，这类计算称为大数据流计算。流计算针对的是需要实时计算处理流式数据的场景，主要技术包括 Spark、Storm、Flink 等。因为流计算要处理的是实时产生的数据，而不是历史数据，所以这类计算也被称为大数据实时计算。在典型的大数据的业务场景下，常用的方法是采用批处理计算处理历史全量数据，然后采用流计算处理实时新增数据。像 Flink 这样的计算引擎，可以同时支持批处理计算和流计算。

图计算针对的是大规模图结构数据的处理场景，主要技术包括 GraphX、Gelly、Giraph、PowerGraph 等。

查询分析计算针对的是大规模数据的存储管理和查询分析场景，主要技术包括 Hive、Impala、Dremel，此外还有针对 NoSQL 类型的 HBase、Teradata、Cassandra 等数据库技术。

下面分别对 MapReduce、Spark、Flink、Hive 和 Impala 进行介绍。

① 分布式离线并行计算引擎 MapReduce

MapReduce 是支持海量数据离线并行处理的计算引擎，是一个基于集群的高性能并行计算平台，该集群通常使用普通的商用服务器来搭建。MapReduce 提供了一个庞大但设计精良的并行计算软件框架，通过借鉴函数式程序设计语言 LISP 的设计思想，提供了一种简便的并行程序设计方法。

② 内存计算引擎 Spark

Spark 是适用于海量数据实时处理的计算引擎，它是基于 Scala 实现的。Spark 与 MapReduce 不同的是，其中间计算结果不需要被写到本地磁盘中，而是全部在缓存中进行的。因此，相较于 MapReduce，Spark 具有更快的计算速度，适用于实时数据的处理场景。

③ 分布式流式数据计算引擎 Flink

Flink 是一款基于 Java 和 Scala 的分布式流式数据处理引擎，是一个基于内存的分布式并行处理框架。其主要处理流式数据，但也可以用流式数据来进行批数据的模拟。

④ 基于 Hadoop 的数据仓库 Hive/Impala

为了简化开发，提高效率，可以使用更高层、更抽象的语言来描述算法和数据处理流程。Hive 使用的是一种类 SQL 的语言 Hive SQL，它可以将脚本和 SQL 转换成 MapReduce 程序，然后使用计算引擎进行离线分析计算，这样分析非常方便，这个特性也使得 Hive 逐渐成为大数据仓库的核心组件。Impala 是一个基于 C++和 Java 的开源软件，主要用于对海量数据进行 SQL 查询。Impala 是基于进程守护的分布式框架，负责执行一台计算机上的所有查询工作。

（3）分布式资源管理和任务调度

Hadoop 1.0 的时候，计算引擎只有 MapReduce，所以资源调度、作业调度等工作都由 MapReduce 自己完成。然而，在 Hadoop 之后的版本中，随着其他计算引擎的加入，仅依靠 MapReduce 进行资源调度、作业调度势必带来一定的冲突问题。因此，Hadoop 2.0 引入了 YARN 和 Oozie。YARN 主要负责集群的资源调配管理，Oozie 主要负责完成计算作业的流调度工作。

（4）数据采集

① 开源数据传输工具 Sqoop

对于海量数据的获取，传统的数据采集工具已经不再适用。在大数据中，可以使用 Sqoop 和 Flume 进行大数据采集工作。Sqoop 是一个开源的数据传输工具，主要用于在 Hadoop 大数据系统与传统的数据库间进行数据的传输，它可以在关系数据库与 HDFS 之间进行数据的传输，也可以在关系数据库之间或者大数据系统组件之间进行数据的传输。

② 日志采集工具 Flume

Flume 是一个具有高可用、高可靠、分布式等特点的海量日志采集、聚合和传输的工具，它支持定制各类数据发送方（如 HDFS、本地日志文件、Kafka 等），主要用于收集日志数据。同时，Flume 提供对日志数据简单处理的能力，如过滤、格式转换等。此外，Flume 支持定制各类数据接收方（如 HDFS、本地日志、Kafka 等）。Flume 以智能体（Agent）为最小的独立运行单位，处理数据的最小单元为事件（Event）。单个 Agent 由数据源头（Source）、数据输出机制（Sink）和中间缓冲拦截处理机制（Channel）这 3 个模块构成。

（5）其他

除此之外，还有一些更特别的系统组件，包括分布式机器学习库 Mahout、DAG 计算引擎 Tez 等。

总之，可以将大数据生态圈比喻为一个厨房工具生态圈。为了烹饪不同的菜品，需要各种各样的工具。随着顾客需求的变化，因此工具也需要不断升级。因为没有一个万能的工具可以处理所有情况，所以生态圈会变得越来越庞大。图 3-2 所示为 Hadoop 大数据生态系统架构。

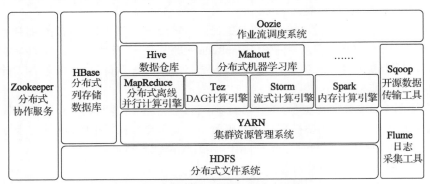

图 3-2　Hadoop 大数据生态系统架构

3.1.2　云上大数据发展趋势

随着多源头的数据量的持续增长、不同场景业务需求的增加，将数据采集、存储、分析等操作上云，在云上实现大数据分析和挖掘成为发展趋势，也是数据治理和数据仓库的重要内容。

华为云大数据服务以大数据 MapReduce 服务（MapReduce Service，MRS）为基础，对接数据治理中心 DataAnts Studio 一站式开发运营平台，可提供统一数据集成、数据开发、数据治理、数据服务、数据可视化等功能，无缝连接华为云、DWS、数据湖探索（Data Lake Insight，DLI）等数据底座的开发。通过使用华为云大数据服务，企业可以一键式搭建数据集成、存储、分析挖掘的统一大数据平台，从而专注行业应用，提升开发效率。

MRS 是一种在华为云上部署和管理 Hadoop 系统的服务，可一键部署 Hadoop 集群。MRS 为用户提供完全可控的一站式企业级大数据集群云服务，完全兼容开源接口。它结合华为云计算、存储优势及大数据行业经验，为用户提供高性能、低成本、灵活易用的全栈大数据平台，轻松运行 Hadoop、Spark、HBase、Kafka、Storm 等大数据组件，并具备在后续根据业务需要进行定制开发的能力，帮助企业快速构建海量数据信息处理系统，并通过对海量信息数据实时与非实时的分析挖掘，发现全新价值点和企业商机。

华为云 MRS 架构如图 3-3 所示，涵盖了基础设施和大数据处理流程的各个阶段。

（1）基础设施

① 虚拟私有云（Virtual Private Cloud，VPC）：为每个租户提供的虚拟内部网络，默认与其他网络隔离。

② 云硬盘服务（Elastic Volume Service，EVS）：提供高可靠、高性能的块存储。

③ 弹性云服务器（Elastic Cloud Server，ECS）：提供弹性可扩展虚拟机，结合 VPC、安全组、EVS 数据多副本等能力打造一个高效、可靠、安全的计算环境。MRS 基于华为云弹性云服务器 ECS 构建大数据集群，充分利用了其虚拟化层的高可靠、高安全的能力。

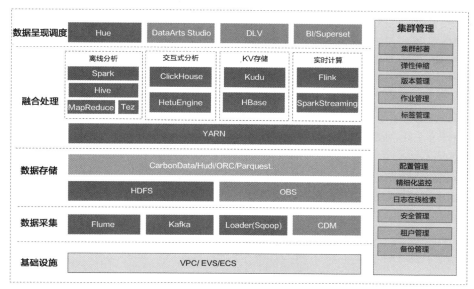

图 3-3　华为云 MRS 架构

（2）数据采集

数据采集层提供了数据接入到 MRS 集群的能力，包括日志采集（Flume）、关系型数据导入（Loader）、高可靠消息队列（Kafka），支持各种数据源导入数据到大数据集群中。使用云数据迁移（CDM）也可以将外部数据导入 MRS 集群中。

（3）数据存储

MRS 支持结构化和非结构化数据在集群中的存储（CarbonData/Hudi/ORC/Parquet），并且支持多种高效的格式来满足不同计算引擎的要求。

① HDFS：大数据上通用的分布式文件系统。

② OBS：对象存储服务，具有高可用、低成本的特点。

（4）融合处理

① MRS 提供多种主流计算引擎：用于处理大规模数据的分布式离线并行计算引擎 MapReduce，使用有向无环图（DAG）模型进行数据处理的计算引擎 Tez，内存计算引擎 Spark，流式数据处理引擎 SparkStreaming，流式数据计算引擎 Flink 等。通过提供多种计算引擎，MRS 使用户能够根据不同的业务需求选择最合适的引擎进行数据处理。这些引擎可以将数据进行结构和逻辑的转换，最终形成符合业务目标的数据模型。

② MRS 支持基于预设数据模型进行数据分析：用户可以使用易用的 SQL 语言进行数据分析，并根据不同的需求选择不同的组件，如数据仓库 Hive、数据存储 HBase、专注于实时分析和列式存储的列式数据库管理系统的 ClickHouse，以及支持交互式查询的查询引擎 HetuEngine。

③ MRS 支持 YARN：YARN 是 Hadoop 生态系统的关键组件，是集群资源管理器和作业调度器，用于管理 Hadoop 中的资源和作业执行。

（5）数据呈现调度

用于数据分析结果的呈现，并与数据治理中心 DataArts Studio 集成，提供一站式的大数据协同开发平台，借助开源用户界面 Hue、逻辑编程语言 DLV 和数据可视化工具 BI/Superset，帮助用户轻松完成数据建模、数据集成、脚本开发、作业调度、运维监控等多项任务，极大降低用户使用大数据的门槛，帮助用户快速构建大数据处理中心。

（6）集群管理

以 Hadoop 为基础的大数据生态的各种组件均是以分布式的方式进行部署的，其部署、管理和运维复杂度较高。

MRS 集群管理提供了统一的运维管理平台，可一键式部署集群，并提供多版本选择，支持运行过程中集群在无业务中断条件下，进行扩缩容、弹性伸缩。同时 MRS 集群管理还提供了作业管理、资源标签管理等功能，以及对上述数据处理各层组件的运维，并提供精细化监控、安全管理等一站式运维能力。

华为云大数据服务具有多种优势，主要体现在以下 3 点。

① 完全兼容开源生态+三方组件插件化管理，企业一站式平台。

② 支持存算分离，存储和计算资源可以灵活配置。

③ 支持华为自研鲲鹏服务器，得益于华为云鲲鹏处理器多核优势，结合华为云在任务调度上的算法优化，使得 CPU 具有更强的并发能力，为大数据计算提供更强的算力。

3.2 人工智能技术

本节主要介绍人工智能相关知识，包括人工智能发展历程，人工智能定义和特点，人工智能、机器学习和深度学习的关系，人工智能相关技术，人工智能分类，以及云上 AI 技术发展趋势。

3.2.1 人工智能技术及现状

1. 人工智能发展历程

近几年，人工智能逐渐融入人类社会的方方面面，推动了全球宏观趋势的发展变化，助力经济增长与产业升级，加速科技创新，提升生活质量，推动就业结构变化，加速社会治理的现代化进程。图 3-4 所示为人工智能发展简史。

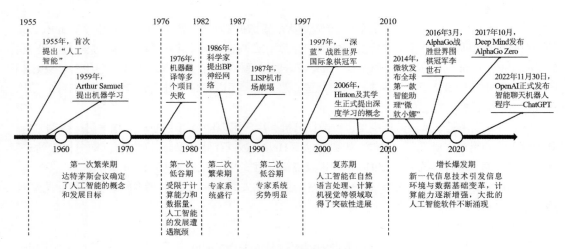

图 3-4　人工智能发展简史

1955 年，达特茅斯学院的教师约翰·麦卡锡（John McCarthy），首次使用"人工智能"的概念来概括神经网络、自然语言处理等各类"机器智能技术"。1956 年，约翰·麦卡锡推动召开了达特茅斯会议，会议确定了人工智能的概念和发展目标。随后人工智能进入第一次繁荣期，当时，科学界和工业界都对人工智能充满了希望，认为人工智能很快就会成为现实。从不同的学科背景出发，形成了连接主义、符号主义、行为主义这三大人工智能学派。

然而，到了 20 世纪 70 年代，曾被学术界和大众寄予厚望的连接主义备受质疑，再加上人工智能的实际应用止步不前，如机器翻译等许多具有挑战性的项目不断失败，导致各国削减了人工智能方向的研究经费，人工智能于 1976 年进入第一次低谷期。人工智能的第一次寒冬，让研究者们的研究热点逐渐转向专家系统，并开始吸引新一轮的政府资助，因此，人工智能于 1982 年进入第二次繁荣期。在该时期，有科学家提出反向传播（BP）神经网络，同时，具备逻辑规则推演和特定领域回答解决问题的专家系统盛行。专家系统快速发展的同时，其劣势也逐渐显露，包括知识采集和获取难度大、系统建立和维护费用高、不具备通用性等，使得专家系统的商业化面临重重困境，1987 年，LISP（List Processing）机市场崩塌，人工智能进入第二次低谷期。直到 1997 年，IBM 制造的名为"深蓝"的系统击败了世界国际象棋冠军，人们再次看到了人工智能的希望。随着机器计算性能的提升与互联网技术的快速普及，人工智能研究也开始复苏，并于 2006 年出现了深度学习的概念。而后，随着大数据时代的到来及相关新兴技术的出现，如云计算、大数据、5G 等，人工智能开始进入增长爆发期并一直持续至今。目前，人工智能技术已经在各行各业得到了广泛应用。

2. 人工智能定义和特点

什么是人工智能？对于这个问题，不同的人可能有不同的答案。通常来说，人们是从新闻和电影中了解人工智能的，新闻给我们的印象是人工智能已经获得了令人难以置信的成就，而电影甚至用想象中的场景来预测人工智能可能控制人类的未来。当然，这不是真的，至少现在还不是。不过，在我们的日常生活中，确实已经出现了很多人工智能应用，如语音助手、推荐系统等。

艾伦·图灵在 1915 年提出了一个非常重要的问题——机器能思考吗？通常，我们认为这是人工智能想法的开始。1956 年，约翰·麦卡锡首次提出，人工智能是研究、开发用于模拟、延伸和扩展人的智能的理论、方法、技术及应用系统的一门新的技术科学，并将人工智能定义为计算机科学的一个分支。此后，马文·明斯基提出了人工智能应该拥有与人类相媲美的智力的观点。这种观点让我们想知道——智力本身到底是什么？霍华德·加德纳提出，人类的智力可分为 7 个方面，包括语言、数学、空间、动觉、节奏、社会和内省。实际上，困难的应该是内省方面，而这也是目前人工智能发展的瓶颈。

概括来说，人工智能早期的目的就是让机器能够像人一样思考，让机器拥有智能。时至今日，人工智能的内涵大大扩展，已经成为一门交叉学科，图 3-5 所示为人工智能涉及的学科示意。

图 3-5　人工智能涉及的学科示意

3. 人工智能、机器学习和深度学习的关系

人工智能有 4 个要素，分别为数据、算法、算力和人工智能应用场景。数据是我们加工的原材料。算法是我们实现人工智能目标的开发方式，我们需要分析不同的场景，部署不同的策略。算力是一种承诺，可以确保我们的算法能够快速且健壮地工作。人工智能应用场景则是人工智能系统理解并作出决策的环境。人工智能的核心是完成特定目标，而不管实现路径如何。虽然有很多不同的方法来实现人工智能目标，但机器学习是目前最有希望的方法之一。深度学习是机器学习研究中的一个新的领域，它通过模仿人脑的机制来解释数据，如图像、声音和文本等。同时，深度学习又是实现更好人工智能性能的特定方法。图 3-6 所示为人工智能、机器学习、深度学习三者的关系，可见，人工智能包含机器学习，深度学习又是机器学习的一部分。

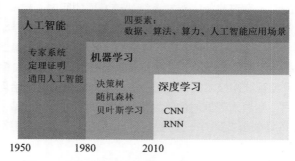

图 3-6　人工智能、机器学习、深度学习三者的关系

4. 人工智能相关技术

人工智能技术是多层面的，从下到上，人工智能技术从工艺到芯片，到器件，到算法，最后到应用。在每一个层面上，都有各种与之相关的技术。例如，在算法层面，有机器学习和深度神经网络技术。在应用层面，有视频和图像、声音和语音、文本及控制。人工智能相关技术如图 3-7 所示。

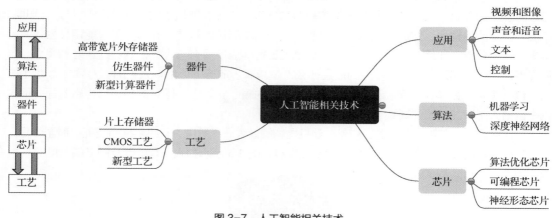

图 3-7　人工智能相关技术

5. 人工智能分类

人工智能技术的一项重要性能指标是在没有任何先验知识的前提下，通过完全的自我学习，在极具挑战的领域里达到超人的境界。在人工智能研究领域中，通常将人工智能分为两种类型，即强人工智能和弱人工智能。

强人工智能，又称为通用人工智能，指理论上可以与人类智慧相媲美的人工智能系统，能够在

多种任务上表现出与人类相似或超越人类的水平。弱人工智能，也称为应用人工智能，它是相对于强人工智能而言的、针对特定任务或领域的人工智能系统。虽然弱人工智能在特定领域表现出色，但它缺乏广泛的认知和通用性。

3.2.2　云上 AI 技术发展趋势

未来，云上 AI 技术在框架、算法、算力、数据和场景几大方面将越来越向真正的"人工智能"靠近。

1. 更易用的开发框架

各种 AI 开发框架都在朝易用且全能的方向演进，不断降低 AI 开发门槛。例如，TensorFlow 自其 2.0 正式版开始，集成 Keras 作为其高阶 API，极大提升易用性；PyTorch 也由于其易用性得到了学术界的广泛认可；华为推出的 MindSpore AI 推理框架，具有高效、安全、易用、开放等特点，可为 AI 应用开发者提供全栈服务。

2. 性能更优、体积更小的算法模型

① 计算机视觉领域：生成对抗网络（Generative Adversarial Network，GAN）已能够生成人眼不可分辨的高质量图像，GAN 相关的算法开始在其他视觉相关的任务上应用，如语义分割、人脸识别、视频合成、无监督聚类等。

② 自然语言处理领域：基于 Transformer 架构的预训练模型取得重大突破，相关模型如 BERT、GPT、XLNet 开始被广泛应用于工业场景中。

③ 强化学习领域：DeepMind 团队的 AlphaStar 在《星际争霸 II》游戏中打败人类顶尖选手。

然而，性能更优的模型往往有着更大的参数量，大的模型在工业应用时会有运行效率的问题。因此，越来越多的模型压缩技术被提出，在保证模型性能的同时，进一步压缩模型体积，以满足工业应用的需求。常用技术包括低秩近似、网络剪枝、网络量化、知识蒸馏、紧凑网络设计等。

3. 云–边–端全面发展的算力

应用于云端、边缘设备、移动终端的人工智能芯片规模不断增长，将进一步解决人工智能的算力问题。随着大数据、云计算、物联网和自动驾驶等领域的快速发展，对人工智能芯片的市场需求不断扩大。如图 3-8 所示，预测从 2023～2027 年，中国人工智能芯片市场规模将持续上涨。预计在 2024 年年底，中国人工智能芯片市场规模将突破 1000 亿元，到 2027 年，市场规模将接近 3000 亿元。

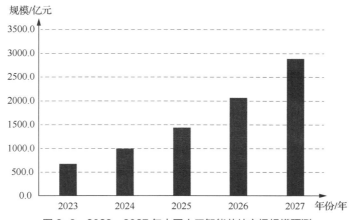

图 3-8　2023～2027 年中国人工智能芯片市场规模预测

4. 更完善的基础数据服务产业，更安全的数据共享

人工智能基础数据服务产业日渐成熟，相关数据标注平台和工具也在不断推出，包括数据生态产业链上游的数据产生和产能资源提供公司，以及 AI 基础数据服务商——具备标注基地或全职标注的团队，如百度智能云、慧听数据等；中游的数据产品开发工具与服务管理公司，包括 AI 中台和 AI 基础数据服务商，如华为云、百度智能云、腾讯云和阿里云等公司；下游的 AI 算法研发机构，包括科技公司、行业企业、AI 公司和科研单位等，如华为、上汽集团、科大讯飞和中国科学院等。此外，联邦学习在保证数据隐私安全的前提下，利用不同数据源合作训练模型，也会进一步突破数据安全和隐私保护的瓶颈。

5. 不断突破的行业场景应用

随着人工智能在各个垂直领域的不断探索，人工智能的应用场景将不断被突破。例如，人工智能聊天机器人结合心理学知识，帮助治疗孤独症等心理健康问题；人工智能技术通过图像识别等深度学习算法完成车辆的车险定损，帮助保险公司优化车险理赔；人工智能技术通过自然语言处理模型赋能华为云 WeLink 后端办公自动化（Office Automation，OA）等平台实现语义理解和情感分析，帮助平台更好地理解用户需求、意图和情感。

3.3 云计算安全技术

本节主要介绍云计算安全技术相关知识，包括云计算安全技术发展现状，以及云上安全技术发展趋势。

3.3.1 云计算安全技术发展现状

近年来，国家对云平台安全的建设和要求越来越高。随着大数据和人工智能、5G、物联网等新技术的上云，企业对云计算安全的诉求也越来越高，企业上云的关键安全诉求如图 3-9 所示。

图 3-9　企业上云的关键安全诉求

目前云计算安全管理存在很多难点，具体如下。

1. 安全运维管理困难

不同的云租户对安全资源的需求各不相同，如何统一分配、利用和管理云上的安全资源成为云安全的难题。

2. 安全责任界定不清晰

服务模式的改变、部署模式的差异、云计算环境的复杂性都增加了界定云服务提供方与云租户之间责任的难度。

3. 安全需求不确定

云平台建设初期时，各个云租户的业务规模尚不清晰，各个租户的安全需求也不明确。管理者

很难精确地判断采购的安全产品种类、安全产品数量和安全产品性能，安全建设规划困难。

4. 安全产品部署困难

云安全产品自动化部署、云安全产品按需分配等问题成为云安全管理人员面临的巨大挑战。

3.3.2 云上安全技术发展趋势

随着云、大、物、智新兴技术的迅猛发展，企业上云的大趋势不可逆转。各个业务上云的企业，对云安全技术十分重视，围绕数据安全、计算安全、网络安全、应用安全、安全管理等技术方面，都已启动相应配套的云服务来进行云计算安全的防护、运维、监控和漏洞筛查等工作。

另外，云安全技术已经上升到国家法律层面，在国家已出台国内信息安全标准——《信息安全技术　网络安全等级保护基本要求》中明确指出云计算安全的扩展要求，具体如下。

① 涵盖 IaaS、PaaS、SaaS 这 3 种服务模式。

② 既对云服务厂商和云平台提出要求，也对租户和租户系统提出了要求。

③ 给出了不同服务模式下安全管理责任主体，方便标准使用者应用与自身角色相关的要求。

此外，国际云安全联盟（Cloud Security Alliance，CSA）也提出了云控制矩阵（Cloud Control Matrix，CCM），即云安全风险评估标准。

由此可见，各个国家、地区、组织将会越来越重视云上数据安全问题，各个云服务厂商、平台、租户也需要齐心协力，共同保障云上安全。

第4章

华为云网络服务与应用

04

学习目标

- 掌握网络技术的原理基础与网络类型。
- 了解常见的华为云网络服务。
- 了解华为云网络应用场景。
- 理解华为云网络安全加固原理。

华为云网络服务属于基础云服务，是使用云上计算资源的基础。云上网络服务打通云上资源互联通道，完成云上、云下对接互联，实现云下数据中心与云之间的网络通信，满足多种网络应用场景需求。

本章主要讲解网络技术原理基础、网络类型、华为云网络服务和应用场景、华为云网络安全加固，以及华为云网络实践。

4.1 网络技术原理基础

1. 网络协议

主机与主机进行数据通信，传输的数据会在主机上经过层层封装，所需的信息被打包形成数据帧。数据帧中包含源端及目标端的身份信息，如两端的 IP 地址信息、介质访问控制（Medium Access Control，MAC）地址信息等。如同寄快递时需要把寄送的货物打包贴上快递单，寄件人根据快递单模板填写寄件人和收件人信息，以确保邮寄过程不会出错。打包的过程中，主机同样需要遵从一定的封装规则以保证有统一的打包方式，避免在传输的过程中出现问题，这种统一的封装规则便是网络协议。

20 世纪 70 年代，开放系统互连（Open System Interconnection，OSI）7 层模型的出现为互联网厂商提供了一个通用的网络标准。在参考 OSI 模型的基础上，传输控制协议/网络协议（Transmission Control Protocol/Internet Protocol，TCP/IP）将 7 层简化为 4 层，图 4-1 所示为 TCP/IP 模型与 OSI 模型的对比。随后，TCP/IP 成为网络中基本的通信协议，数据网络通信都按照 TCP/IP 进行封装。为方便讲解，本书会以 5 层形式展示，将 TCP/IP 模型中的数据链路层展开为物理层与数据链路层。

2. 以太网数据帧

数据传输会封装必要信息形成以太网数据帧，图 4-2 所示为数据封装成的以太网 MAC 帧及 IP 数据报结构，最前端信息为外层封装的二层（数据链路层）报头，里面包含源端及目标端 MAC 地址。MAC 地址也叫物理地址，网络设备都由网卡接入网络中，MAC 地址是网卡唯一的网络标志，网络中数据包通过 MAC 地址来寻找网络目标主机。数据包转发通过源端、目标端 MAC 地址查找路径，就如同快递中通过寄件人、收件人的地址规划邮寄线路。除二层报头外，在数据报中还包含三层报头信息 IP 地址，里面包括源 IP 地址和目的 IP 地址。IP 地址与 MAC 地址有绑定的关系，IP 地址由人为设定，并且可以根据网络环境的变化修改，使网络更加灵活。

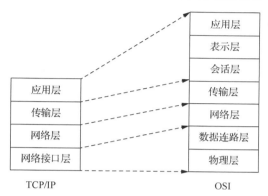

图 4-1　TCP/IP 模型与 OSI 模型的对比

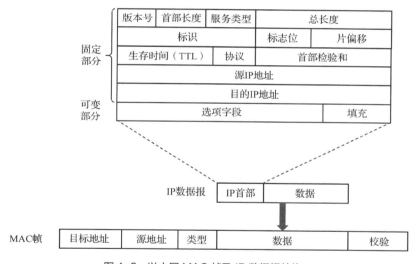

图 4-2　以太网 MAC 帧及 IP 数据报结构

3. 网络通信

在介绍了网络协议及以太网数据帧结构相关知识后，接下来介绍网络中主机通信的过程。

图 4-3 所示为数据包的传输流程，在数据传输过程中，发送端将数据进行层层封装，在网络层将 IP 地址信息添加至数据包中，然后在数据链路层将 MAC 地址信息添加至数据包中。其中，添加的 IP 地址与 MAC 地址形成绑定关系。接收端获取数据包后经过数据解封装查看其中的 MAC 地址是否与自己匹配，不匹配则丢弃此数据包；匹配则继续执行解封装，查看网络层 IP 地址是否匹配。匹配则继续执行解封装获得具体数据；不匹配则根据接收端中存在的 IP 地址与 MAC 地址的绑定关系对数据包进行封装操作，然后将数据包转发到下一个接收端。

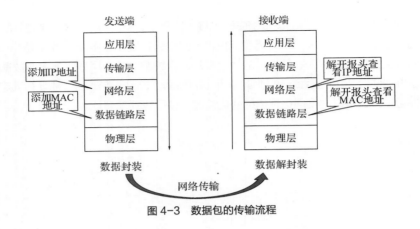

图 4-3　数据包的传输流程

4.2　网络类型

云上网络技术是一种利用数据中心内部部署的虚拟化网络能力对外提供网络服务的网络技术。在数据中心内部，进行网络设计时遵循基于软件定义网络的灵活和自动化原则，充分利用 Linux 中各种网络相关技术实现虚拟化网络。云上网络服务为用户建立一块逻辑隔离的虚拟网络空间，提供各种各样的网络功能。这里就需要理解传统网络和虚拟化网络中的相关概念。

1. 传统网络

图 4-4 所示为传统网络架构示意，传统网络是由不同的物理网络设备通过物理介质连接而成的网络。常见的物理网络设备有主机、路由器、二层交换机、三层交换机、防火墙等。在传统物理网络中，主机借助相关的网络设备转发自己的信息流量，实现不同主机之间的相互通信。其中，网络功能主要由物理端口、网络设备及物理介质实现。

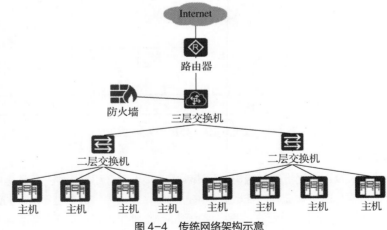

图 4-4　传统网络架构示意

物理端口也就是人们常说的"网口"，在服务器、交换机、路由器等设备上都有分布。物理端口之间通过物理介质相互连接，使得主机之间搭建起了由不同网络设备组成的网络高速通道。

网络设备是传统网络架构中的重要角色，它们如同架设在网络通道中的一个个中转站，帮助数据包在网线中传输时找到正确路径，顺利到达目的地。不同的网络设备职能也不同，其中，交换机、路由器能够帮助数据包在网络中选择最优的通信路径，优化网络结构；防火墙能够帮助数据包在网络通信中确保网络安全性，防止数据在传输过程中被窃取。它们在网络中各司其职，使数据包转发过程变得更高效、更安全，并通过不同的中转站让主机与主机之间的通信更加快捷、可信。

在通信过程中，网络设备之间的连接需要通过物理介质完成。网络中常用的物理介质有同轴电缆、双绞线和光纤等，它们作为数据传输的载体，搭建起了网络中的主干道，不同设备之间数据的交付都需要依靠这些物理介质才能完成。同轴电缆主要分为两种类型：10Base5（粗缆）和10Base2（细缆），两者都可以保持 10Mbit/s 的传输速率。双绞线通过绝缘外套将导线封装起来，提高了其抗干扰能力。除抗干扰外，双绞线还拥有制造成本低、传输速率快的特点。目前的双绞线有很多不同的类型，如 10Base-T、100Base-TX 和 1000Base-T，都是传统网络中常用的双绞线。光纤是一种高宽带、低衰减、抗干扰性强、安全可靠的传输介质，具有轻便、免维护等优点，被广泛用于通信、数据传输、有线电视等领域。

2. 虚拟化网络

随着虚拟化技术的不断发展，虚拟机的出现对网络的流量转发、安全隔离等提出了新的需求。在传统网络中，一台主机运行一个操作系统，通过物理网线与交换机端口相连，由交换机实现不同主机之间的数据交换、流量控制、安全控制等功能。随着虚拟化技术的应用，一台主机可以虚拟化成多台虚拟机，每台虚拟机有自己的 CPU、内存和网卡。同一主机上的不同虚拟机之间既需要维持原有的通信，同时由于共享物理设备，又需要保证不同虚拟机之间的数据安全隔离。这时，传统网络的局限性开始显现，其无法满足虚拟机通信的需求。因此，虚拟网桥、虚拟网卡等技术开始投入虚拟机通信的使用中。

图 4-5 所示为虚拟网络架构示意，对虚拟机网络而言，在传统网络的基础上，网络中增加了虚拟交换机等逻辑网络设备，逻辑网络设备与传统网络设备的功能相同。

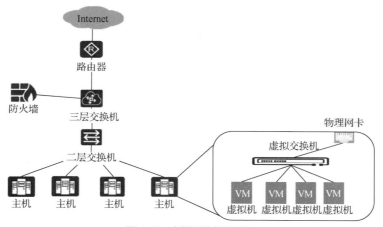

图 4-5　虚拟网络架构示意

3. 云上网络

云上网络在原本虚拟化网络技术的基础上，对网络的管理运维及使用范围进行了改进。通过打通不同地域数据中心间网络，云上网络打造了一张广域互联的信息传输网络，实现了多地域间计算资源的综合使用。除此以外，云上网络主要的特点在于对传统网络通过虚拟化技术的重构，它将网络以服务的方式开放给广大的用户使用，为使用者打造共享、弹性、自助服务的网络环境。与传统网络资源相比，服务化云上网络的资源获取更简单、灵活，用户只需通过简单的操作就能完成对云上局域网络的部署和使用，节省了大量网络部署规划时间。从管理运维方面来讲，云上网络资源管理以可视化的方式直观呈现给云资源用户，降低了网络管理运维难度。除此之外，云上网络还提供了多种网络运维工具，帮助用户快速定位网络问题，进一步降低了网络管理运维难度。

4.3　华为云网络服务

云上网络环境的构建是实现用户云上的不同虚拟资源相互通信的关键，网络资源的服务化能够帮助用户搭建安全可信、灵活多变的云上网络环境。

在 2.4.3 节中，已经对虚拟私有云、弹性 IP 及弹性负载均衡进行了简单介绍。本节将对华为云提供的网络服务进行详细介绍，主要包括虚拟私有云、弹性 IP、NAT 网关、弹性负载均衡、虚拟专用网络、云连接服务。

4.3.1　虚拟私有云

虚拟私有云（VPC）是用户通过云数据中心的虚拟化网络创建的隔离的、私有的云上虚拟网络环境，可以为华为弹性云服务器、华为云容器等资源构建隔离的、支持用户自主配置的虚拟网络。

图 4-6 所示为 VPC 网络架构，在 VPC 中，用户可以灵活、便捷地定义 VPN、IP 地址段、带宽等网络特性，从而管理内部虚拟网络资源，实现安全、快捷的网络变更。同时，用户也可以定义安全组来控制 VPC 中虚拟资源的访问流量，提高 VPC 内资源的安全性。

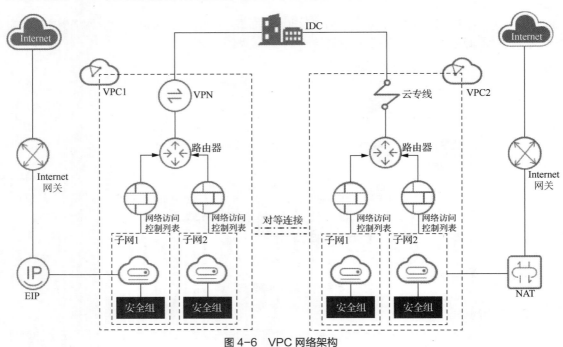

图 4-6　VPC 网络架构

在 VPC 中，同样包含路由器、子网、子网网关、IP 地址段等传统网络概念。在使用 VPC 的时候，还需要了解以下几个概念和相关注意事项。

（1）在创建 VPC 的过程中，需要指定 VPC 使用的私网网段。私网网段指的是在 VPC 局域网内实现通信的 IP 地址段，这些 IP 地址段可以让被绑定的云上计算资源在局域网内互相通信，但是私网网段地址无法暴露在公网上，同样也无法实现对互联网的访问。目前，VPC 支持的私网网段有 10.0.0.0/8～24、172.16.0.0/12～24 和 192.168.0.0/16～24。

（2）子网是在 VPC 中的 IP 地址段，在 VPC 中创建云资源时，必须将其部署在子网内。一个 VPC 中可以创建多个子网供云资源使用，但是同一个 VPC 中的子网也需要满足以下规则：子网的 IP 地址属于私网网段；不同子网之间的地址段不能重复。例如，在创建虚拟私有云时已经指定了私网网段为 192.168.0.0/16，那么在其中创建子网时可以指定网段为 192.168.1.0/24 或 192.168.2.0/24，这些子网属于私网网段，且子网之间没有重复的 IP 地址。

（3）路由表是由一条条路由表条目组成的，其中记录了数据流量在通信过程中的源 IP 地址和目的端 IP 地址，通过路由来控制 VPC 内子网的流量走向。没有路由表时，不同子网之间是相互隔离的，无法实现通信。路由表可以将 VPC 内的子网都关联起来，实现不同子网之间的相互通信。VPC 中的每一个子网都必须关联一个路由表，且一个子网只能关联一个路由表，但一个路由表可以关联多个子网。创建 VPC 时，云系统会自动生成一个默认的路由表用于关联后面所创建的子网，在默认路由表中可以添加、删除和修改路由信息，但不能删除默认路由表。

4.3.2　弹性 IP

弹性 IP（EIP）为华为云上资源提供了独立的公网 IP 资源，主要包括提供可以访问互联网的 IP 地址和出口带宽服务。弹性 IP 是独立的云上网络资源，其工作方式为通过与云上其他的资源进行绑定以提供互联网访问，当不再需要互联网访问服务时，可以将弹性 IP 与云上资源解绑，这使得弹性 IP 的使用非常灵活，能够满足不同的业务场景需求。通常需要绑定弹性 IP 的云资源包括弹性云服务器、裸金属服务器、虚拟 IP、弹性负载均衡、NAT 网关等。需要注意的是，一个弹性 IP 只能绑定一个云资源，且两者必须在同一个区域内。

弹性 IP 是云上资源与外部网络通信的主要方式，云服务厂商提前向网络运营商申请一段公网 IP 地址池用作弹性 IP 资源。用户通过云服务界面进行弹性 IP 申请，在指定其带宽类型和配额后，云平台将随机分配一个地址池中尚未被占用的 IP 资源给用户，用户未释放弹性 IP 资源前将一直占用此 IP 地址。

当弹性云服务器需要访问外网时，可以将已申请的弹性 IP 绑定到所需的弹性云服务器上，实现弹性云服务器与外界的信息通信。

4.3.3　NAT 网关

NAT 网关可以提供 NAT 服务。在华为云中，NAT 网关分为公网 NAT 网关（Public NAT Gateway）和私网 NAT 网关（Private NAT Gateway）。公网 NAT 网关通过为 VPC 内的弹性云服务器提供源网络地址转换（Source Network Address Translation，SNAT）功能和目标网络地址转换（Destination Network Address Translation，DNAT）功能，可以让不同的弹性云服务器借助同一个弹性 IP 地址访问外部网络，并且外部网络中的主机可以通过 DNAT 规则中暴露的弹性 IP 端口来访问云上的弹性云服务器。私网 NAT 网关能够为 VPC 内的弹性云服务器提供 NAT 服务，使多台弹性云服务器可以通过共享私网 IP 地址来访问用户本地数据中心（Data Center）或其他 VPC，NAT 网关有效地减轻了云上公网 IP 资源的消耗。

1. SNAT

当部署了 NAT 网络的子网中有弹性云服务器需要访问互联网时，NAT 网关将此弹性云服务器的内部网络 IP 地址转换成弹性 IP 地址然后访问互联网，并且多台弹性云服务器可以转换成同一个弹性 IP 地址。例如，在 VPC 中创建一个 IP 地址为 192.168.1.0/24 的子网，并在子网内部署两台弹性云服务器，分别分配了 IP 地址 192.168.1.100 和 192.168.1.101，NAT 网关的部署会绑定一个弹性 IP 地址 23.12.0.100。当 IP 地址为 192.168.1.100 和 192.168.1.101 的两台弹性云服务器需要访问互联网时，就可以通过 SNAT 将 IP 地址转换为公网 IP 地址 23.12.0.100 进行访问。

2. DNAT

DNAT 的功能是将 VPC 内部不同弹性云服务器的服务通过地址转换开放给外部网络中的主机访问。在网络中，计算机服务功能通过服务端口开放给外部，而 DNAT 的作用是将内部弹性云服务器提供服务的端口映射到弹性 IP 地址某个指定的端口，通过开放映射后的公网 IP 地址端口实现内部服务的对外访问。例如，VPC 内有 IP 地址为 192.168.1.100 的弹性云服务器需要对外提供服务，端口为 80，NAT 网关绑定了弹性 IP 地址 23.12.0.100，利用 DNAT 便可以将 IP 地址为 192.168.1.100 的弹性云服务器提供的 80 端口映射至公网地址 23.12.0.100 上指定的 8080 端口，实现服务的发放。此时外部网络主机访问公网 IP 地址 23.12.0.100 的 8080 端口，NAT 网关流量便会指向内部地址为 192.168.1.100 的 80 端口来获取服务。

4.3.4 弹性负载均衡

弹性负载均衡（ELB）的主要作用是将网络访问流量分摊给后端多台服务器，从而消除单点故障，实现应用系统高可用的流量分发控制服务。如图 4-7 所示，ELB 架构主要由负载均衡器、监听器和后端服务器组 3 个部分组成。

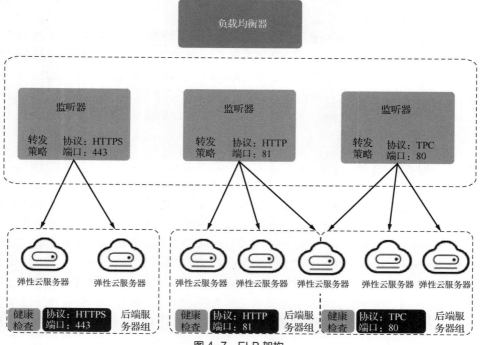

图 4-7　ELB 架构

（1）负载均衡器。负载均衡器用来接收客户端访问流量请求并将访问请求转发到一个或多个可用区中的后端服务器中，实现负载分担。

（2）监听器。监听器使用配置的协议及端口号检查来自客户端的连接请求，并根据定义好的分配策略和转发策略将请求转发到一个后端服务器组里的弹性云服务器中。

（3）后端服务器组。后端服务器是真正提供访问流量申请服务的设备，后端服务器组将提供相同服务的弹性云服务器组合到一起，并使用指定的协议和端口号将请求转发到一个或多个弹性云服务器中。

4.3.5　虚拟专用网络

虚拟专用网络（VPN）服务可以在云下远端用户的本地数据中心与 VPC 之间建立一条安全加密的公网通信隧道。图 4-8 所示为 VPN 服务架构，VPN 服务由 VPN 网关和 VPN 连接组成。VPN 网关提供了 VPC 的公网出口，与远端网关对应；VPN 连接则通过公网加密技术，将 VPN 网关与远端网关关联，使远端用户能与 VPC 通信，更快速、安全地构建混合云环境。

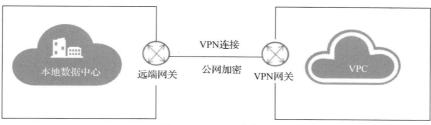

图 4-8　VPN 服务架构

4.3.6　云连接服务

云连接（Cloud Connect，CC）服务为云上用户提供不同区域间 VPC 的相互通信及云上多个 VPC 与云下多个数据中心之间的网络连接，通过云连接服务可以实现跨区域 VPC 私网互通、多数据中心与多区域 VPC 互通。图 4-9 所示为云连接服务示意。

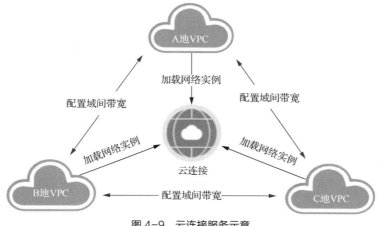

图 4-9　云连接服务示意

4.4　华为云网络应用场景

华为云提供多样的网络服务帮助用户实现灵活组网，通过云上不同网络服务的组合满足不同的网络应用场景需求。

4.4.1　小型网络应用场景

1. 小型网络搭建

在小型网络场景中，云上的系统组网都在同一区域内实现互联通信，系统应用在上云过程中都会在一个 VPC 中进行业务开放，如小型的 Web 网站搭建、办公自动化系统部署等。图 4-10 所示为小型网络的应用场景。在这个场景中，华为云网络服务中的 VPC 被用来实现系统内部组网，通过 VPC 中的不同子网划分来保证部分系统环境的隔离，并使用提供的安全组在重要的网络区域内设置访问控制策略来保护数据安全，满足高安全场景需求。而对于业务开放功能，可以通过弹性 IP、NAT网关、弹性负载均衡等服务的配合使用，实现 VPC 内的云资源连接公网及开放端口访问外网业务。

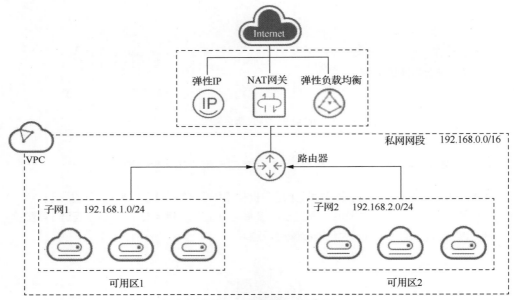

图 4-10　小型网络的应用场景

2. 云端专属网络搭建

针对不同用户、公司的系统云上部署的需求，华为云会通过云上的 VPC 服务实现云端专属网络的搭建。每个 VPC 在云上都可以代表一个私有网络，可以与其他的 VPC 进行隔离。在云上网络规划过程中，对于有严格环境隔离要求的不同业务系统而言，可以通过规划不同的 VPC 实现网络的隔离。而在 VPC 中，由于子网和安全组的存在，还可以实现进一步的细分，将 VPC 中的网络资源按照不同的安全需求分组保护起来。

当然，在业务场景中，除需要对不同系统进行隔离以外，也会存在在部分系统间协同、交互完成某些系统任务的情况。当这些系统有互相通信的需求时，可以通过在两个 VPC 之间建立对等连接来满足其通信需求。图 4-11 所示为云端专属网络的应用场景。

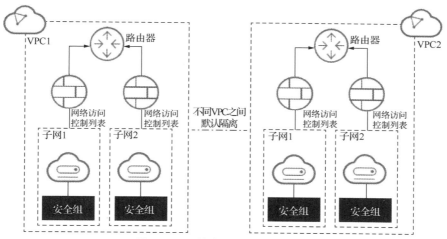

图 4-11　云端专属网络的应用场景

4.4.2　中大型网络应用场景

中大型网络应用场景在小型网络组网基础上增加了云上、云下系统相互通信等需求。以下为常见的几种中大型网络应用场景。

1. 高可用云上组网场景规划

云上部署业务系统除需要考虑不同业务的隔离和连通性以外，还需要考虑业务访问的稳定性，保证云上系统可以长期稳定地运行。在实际的业务部署中，高可用的组网将业务系统以集群对外提供服务的方式作为主流的部署方式。负载均衡服务主要提供高可用云上组网功能，采用负载均衡的方式对外提供访问入口，同时，结合云上资源弹性伸缩的优势，满足系统业务在不同时期的性能需求，保证云上资源稳定运行。负载均衡服务与弹性伸缩服务的组合使用，大大缓解了用户业务流量在特定时段突然增加的压力，提高了资源的可用性。例如，电商平台在"双 11""双 12"等活动期间组织大型促销，平台系统业务的访问量短时间内迅速增长，且只持续短暂的几天甚至几小时，在这种情况下，使用负载均衡服务及弹性伸缩服务不仅能保证平台系统业务能力的稳定，还可以最大限度地节省 IT 成本。

2. 云上、云下互联场景规划

部署在云上的业务系统除提供对外业务访问服务的需求以外，还存在用户云上不同 VPC、云下不同数据中心进行内部私网通信的需求。对于这样的场景，需要使用华为云提供的云连接服务实现云上不同区域间的 VPC 私网通信，并使用云专线实现云下的数据中心接入云上 VPC 通信。图 4-12 所示为云上、云下互通网络的应用场景。

3. 高性能公网接入

云上资源对外开放服务及云上资源访问互联网数据是典型的云接入方式，高性能的公网接入场景借助云上提供的弹性 IP 服务，以及与其配合使用的 NAT 网关服务和弹性负载均衡服务实现快速构建。弹性 IP 弹性、灵活的特点与弹性云服务器、裸金属服务器、虚拟 IP 地址、弹性负载均衡、NAT 网关等资源灵活的绑定及解绑优势，有效缓解了云上多变的网络组网问题。弹性 IP 支持带宽灵活调整，可满足不同业务场景下的流量传输要求。图 4-13 所示为云上高性能公网的接入方案。

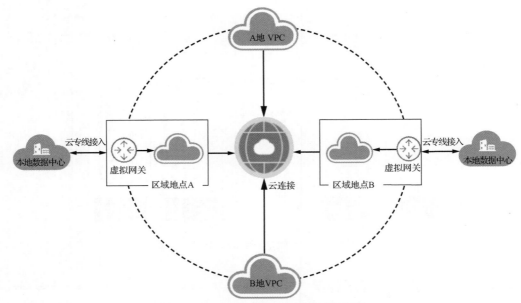

图 4-12   云上、云下互通网络的应用场景

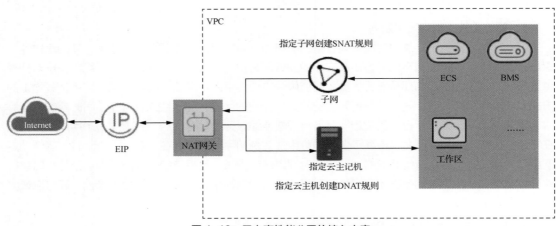

图 4-13   云上高性能公网的接入方案

4. 高性能混合云网络构建

　　混合云网络具备多种功能，如联通公有云和私有云上的计算资源，支持企业 IT 资源整合，灵活部署企业不同业务等。在企业上云的过程中，私有云、公有云将长期并存，而混合云是现阶段企业上云的发展方向，私有云和公有云上的不同业务之间需要在数据层面进行打通。因此，在混合云环境中，不仅要打通资源，还需要注重数据管理方面的需求，如备份归档、跨云灾备等。云上提供的虚拟专用网络服务和云专线服务可以实现通过公网或私网线路两种不同方式接入混合云，从而快速构建高性能混合云网络。

4.5   华为云网络安全加固

　　随着网络的高速发展，网络已经成为当今人们获取信息资源的主要途径。与此同时，用户对网络信息安全性的需求也越来越显著，窃取个人信息数据、非法远程操控他人电子设备等网络攻击行为危害着网络安全。因此，网络安全技术成为网络建设中的重要内容，受到越来越多网络建设者的关注。

网络攻击种类繁多，包括黑客攻击、病毒感染等多种形式。面对多样的网络攻击，主要的网络安全技术有以下 4 种。

（1）防火墙防御技术。防火墙是计算机系统中常用的防御技术，在防火墙中添加安全防护策略能够有效地保护内部网络。防火墙可以拦截来自外部网络的攻击和病毒程序，为计算机提供安全、稳定的运行环境。在网络中，防火墙通常部署在整个局域网的边界处，其目的是使所有需要进入内部网络的通信流量都经过防火墙，让防火墙能够按照制定好的安全策略来对经过的流量进行筛选过滤，从而阻止不安全的通信流量进入内部网络。

（2）网络加密技术。加密技术是网络中常用的安全保密手段。为了保证在网络传输中数据信息不被他人窃取、篡改，加密技术利用加密算法将传输的数据信息转化成不可直接读取的密文，从而在一定程度上阻止非法用户直接获取原始数据信息。常用的网络加密技术包括对称式加密技术和非对称式加密技术，随着网络安全技术的不断发展，网络加密技术也逐渐被应用到网络安全防护之中。

（3）入侵检测技术。入侵检测技术的原理是通过检测网络流量在系统中的入侵行为，发现并报告系统中的未授权或异常行为现象。入侵检测技术通过主动检测的方式，能够及时发现网络中的系统安全攻击行为，提高网络的安全性。

（4）网络安全扫描技术。网络安全扫描技术主要通过扫描当前系统来对该系统进行风险评估，寻找目前系统中存在的能够对系统造成损害的安全漏洞。网络安全扫描工具会以安全报告的形式汇报系统存在的风险漏洞以及相关的安全改进建议，有针对性地增强系统安全防护能力。

为了有效地保护网络资源的安全，网络安全技术也在网络发展中不断革新。为实现云上资源的安全使用，华为云数据中心提供了全方位的安全解决方案。图 4-14 所示为华为安全解决方案框架，借助云上庞大的基础计算资源，构建了一套能够对不同层级进行防护的网络安全解决方案。

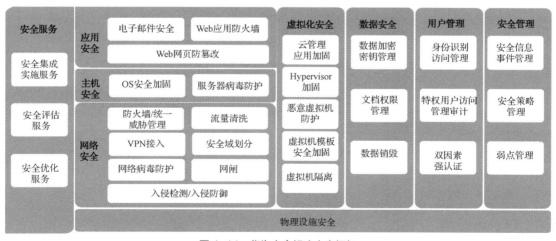

图 4-14　华为安全解决方案框架

华为云在提供丰富的网络资源的同时也提供了多样的云端网络安全加固措施，能够满足云上资源全方位的安全需要。针对不同的云上资源，其网络安全加固措施也有所不同。华为云平台提供了多种网络安全服务，如分布式拒绝服务（Distributed Denial of Service，DDoS）高防服务、Anti-DDoS 流量清洗服务，并通过这些网络安全服务对用户云上的资源进行安全防护。此外，用户还可通过设置安全组和网络访问控制列表等方式保障云上安全。

4.5.1　DDoS 高防服务

DDoS 高防（Advanced Anti-DDoS，AAD）服务通过使用高防 IP 代理业务 IP 来对外提供服务，当网络受到 DDoS 攻击时，DDoS 高防服务能够将恶意流量引流到高防 IP 去清洗，不会影响真实业务 IP 的运行，确保用户业务持续可用。DDoS 高防服务可用于华为云、非华为云及数据中心的互联网主机。

图 4-15 所示为 DDoS 高防服务业务架构，该业务架构上 DDoS 高防服务采用分层防御、分布式清洗的方式，通过精细化多层过滤防御技术，能够对 DDoS 的攻击流量进行有效的检测、过滤。

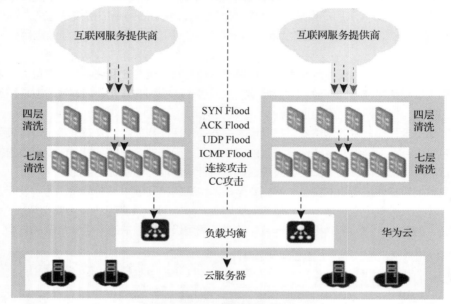

图 4-15　DDoS 高防服务业务架构

DDoS 高防服务是一种软件高防服务，与传统硬件高防相比，其成本较低。使用 DDoS 高防服务时业务只需接入服务，业务运行过程中用户可以查看 DDoS 高防服务的防护日志，了解目前业务网络的安全状态。

DDoS 高防服务广泛适用于云上不同的业务场景，包括游戏、金融、电商、在线教育等行业，可为用户业务保驾护航。

4.5.2　Anti-DDoS 流量清洗服务

Anti-DDoS 流量清洗服务（简称 Anti-DDoS）可以为公网 IP 提供 4～7 层的 DDoS 攻击防护和攻击实时告警通知。通过 Anti-DDoS 可以提高用户带宽利用率。如图 4-16 所示，Anti-DDoS 业务架构由检测中心、清洗中心和管理中心这 3 个部分组成，Anti-DDoS 的主要功能如下。

① 通过对互联网访问公网 IP 的业务流量进行实时监测，及时发现异常 DDoS 攻击流量。在不

影响正常业务的情况下，Anti-DDoS 可以根据用户预先配置的防护策略，清洗攻击流量。同时，Anti-DDoS 会为用户生成流量监控报表，展示流量安全状况。

② 可以对 Web 服务器类攻击（如 SYN Flood 攻击、HTTP Flood 攻击、CC 攻击、慢速连接类攻击等）、游戏类攻击（如 UDP Flood 攻击、SYN Flood 攻击、TCP 类攻击、分片攻击等）、HTTPS 服务器的攻击（如 SSL DoS/DDoS 类攻击等）及域名系统（Domain Name System，DNS）服务器的攻击等各类攻击的流量进行清洗。

③ 对防护的 IP 地址提供监控记录，包括当前防护状态、当前防护配置参数、24 小时内流量情况、24 小时内异常事件等。

④ 可以为用户所有进行防护的公网 IP 地址提供拦截报告，支持查询攻击统计数据，包括清洗次数、清洗流量，以及公网 IP 被攻击次数 Top10 和拦截攻击次数等。

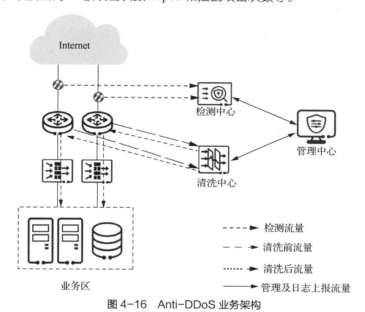

图 4-16　Anti-DDoS 业务架构

4.5.3　安全组

4.3.1 节介绍过，VPC 为云上用户提供了隔离的、私有的云上虚拟网络，可在 VPC 中通过子网实现 VPC 内部的网络隔离。在此基础上，对不同子网内的计算资源而言，为了保证对外通信过程中的网络安全，会通过 VPC 提供的安全组来实现网络安全加固。

图 4-17 所示为安全组示意，在 VPC 内创建的弹性云服务器加入对应安全组后，用户可以通过配置安全组规则对其进行访问控制，进而实现对同一个安全组的虚拟机之间、不同安全组的虚拟机之间的访问控制。系统会为每个用户创建一个默认安全组，其规则是在出方向上的网络流量全部放行，入方向访问受限，安全组内的云服务器无须添加规则即可互相访问。用户还可以根据自身需求创建自定义安全组，自定义安全组被创建后，用户可以在其中设置出方向/入方向规则，这些规则会对安全组内部的云服务器出方向/入方向网络流量进行访问控制，当云服务器加入该安全组后，即受到这些访问规则的约束。

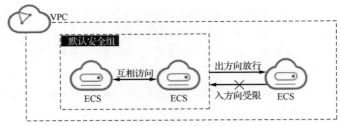

图 4-17 安全组示意

4.5.4 网络 ACL

除安全组外，网络访问控制列表（Access Control List，ACL）也是常用的网络安全加固措施之一。网络 ACL 是一个子网级别的可选安全层，通过与子网关联的出方向/入方向规则控制出入子网的数据流。

网络 ACL 与安全组类似，都是安全防护策略，在需要进一步对网络进行安全加固时，可以启用网络 ACL。网络 ACL 与安全组的区别在于，安全组对弹性云服务器进行防护，网络 ACL 对子网进行防护，通过两者的结合，可以实现更精细、更复杂的安全访问控制。图 4-18 所示为网络 ACL 与安全组的区别。

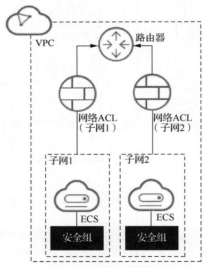

图 4-18 网络 ACL 与安全组的区别

在创建 VPC 以后，VPC 默认没有网络 ACL。用户需要创建自定义的网络 ACL 并将其与子网关联。关联子网后，网络 ACL 默认拒绝所有出入子网的流量，直至添加放通规则。

网络 ACL 创建以后处于未激活状态，只有与子网进行关联后才提供网络安全防护功能。网络 ACL 可以关联多个子网，但一个子网只能关联一个网络 ACL。

4.6 华为云网络实践

本节主要介绍华为云网络实践，包括搭建 IPv4 网络、创建安全组、添加安全组规则和验证安全组规则是否生效等具体内容。

4.6.1 搭建 IPv4 网络

1. 创建 VPC 和默认子网

创建一个名为"vpc-test"的 VPC 和一个名为"subnet-01"的默认子网，具体步骤如下。

① 登录华为云控制台（网址为 https://console.huaweicloud.com）。

② 在控制台左上角单击 ⊙ 按钮，选择地区。

③ 在界面左上角单击 ☰ 按钮，打开服务列表，选择"网络 > 虚拟私有云 VPC"选项，进入虚拟私有云列表界面。

④ 单击"创建虚拟私有云"按钮，进入"创建虚拟私有云"界面。

⑤ 在"创建虚拟私有云"界面根据提示配置虚拟私有云参数。创建虚拟私有云时会同时创建一个默认子网，如图 4-19 所示。

图 4-19　创建 VPC 和默认子网

2. 购买 ECS

在华为云控制台选择"计算 > 弹性云服务器 ECS"选项，单击"购买弹性云服务器"按钮，购买一个 ECS 实例，具体步骤如下。

① 进行 ECS 基础配置。配置华为弹性云服务器的"计费模式""CPU 架构""规格"，可以分别选择"按需付费""鲲鹏计算""鲲鹏通用计算增强型"选项，如图 4-20 所示。该类型云服务器提供华为计算架构的底座，提供均衡的计算、存储以及网络配置，适用于大多数的使用场景。单击"下一步：网络配置"按钮。

② 进行 ECS 网络配置。如图 4-21 所示，选择已创建的"vpc-test"及"subnet-01"子网，安全组选择默认的"default"，也可以创建新的安全组并配置规则。

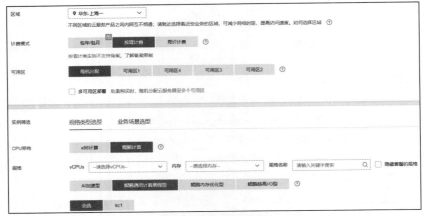

图 4-20　ECS 基础配置

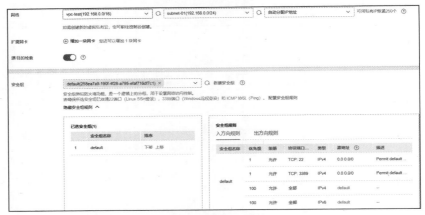

图 4-21　ECS 网络配置

3. 购买 EIP

EIP 提供独立的公网 IP 资源，包括公网 IP 地址与公网出口带宽服务。用户可以购买一个 EIP 并将其绑定到 ECS 上，实现 ECS 访问公网的目的。如已有 EIP，且处于未绑定状态，则不用重新购买，直接绑定即可。购买 EIP 的具体步骤如下。

① 登录华为云控制台。

② 在华为云控制台左上角单击 ⊙ 按钮，选择地区。

③ 在系统首页选择"网络 > 弹性 IP"选项。

④ 进入网络控制台。

⑤ 单击"购买弹性 IP"按钮，进入 EIP 购买界面，购买 EIP，如图 4-22 所示。

⑥ 根据界面提示配置参数。

⑦ 单击"立即购买"按钮。

4. 绑定 EIP

完成 EIP 的绑定，具体步骤如下。

① 在"弹性 IP"界面，单击"绑定"按钮。

② 选择 ECS。

③ 单击"确定"按钮。

图 4-22 购买 EIP

5. 验证公网连通

验证公网是否连通的具体步骤如下。

① 使用 SSH 方式（对于 Linux 系统），或者使用 RDP 文件（对于 Windows 系统），通过 EIP 地址登录该 ECS。

② 从外网 ping 该 ECS 的 EIP 地址，验证公网是否连通。

需要注意的是，应确保 ECS 的安全组允许对应协议端口的访问，例如，应放通用于远程连接的 SSH（22）和 RDP（3389）协议端口（默认安全组已放通），放通 ping 命令使用的 ICMP 协议端口等。

4.6.2 创建安全组

创建安全组的具体步骤如下。

① 在左侧导航栏中选择"访问控制>安全组"选项，进入安全组列表界面。

② 在安全组列表右上方，单击"创建安全组"按钮，进入"创建安全组"界面，如图 4-23 所示。

图 4-23 创建安全组

③ 根据界面提示，设置安全组参数。

④ 安全组参数设置完成后,可以在创建界面下方查看模板的入方向和出方向规则,确认无误后,单击"确定"。

4.6.3 添加安全组规则

系统提供默认安全组,但如果默认安全组规则无法满足需求,用户可以自行添加安全组规则,具体步骤如下。

① 登录华为云控制台。

② 在华为云控制台左上角单击 ♡ 按钮,选择地区。

③ 在界面左上角单击 ≡ 按钮,打开服务列表,选择"网络 > 虚拟私有云 VPC"选项,进入虚拟私有云列表界面。

④ 在左侧导航栏中选择"访问控制 > 安全组"选项,进入安全组列表界面。

⑤ 在安全组列表中找到目标安全组所在行的操作列,单击下方的"配置规则"按钮,进入安全组规则配置界面,如图 4-24 所示。

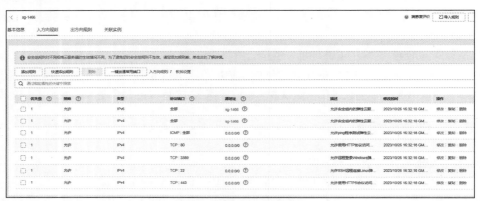

图 4-24 安全组规则配置界面

⑥ 单击"入方向规则"按钮,单击"添加规则"按钮,弹出"添加入方向规则"对话框,如图 4-25 所示。

图 4-25 "添加入方向规则"对话框

⑦ 根据界面提示,设置入方向规则参数,单击 ⊕ 增加1条规则 按钮,可以依次增加多条入方向规则。

⑧ 入方向规则设置完成后，单击"确定"按钮。返回入方向规则列表，可以查看添加的入方向规则。

⑨ 单击"出方向规则"按钮，单击"添加规则"按钮，弹出"添加出方向规则"对话框，如图 4-26 所示。

图 4-26 "添加出方向规则"对话框

⑩ 根据界面提示，设置出方向规则参数，单击 ⊕ 增加1条规则 按钮，可以依次增加多条出方向规则。

⑪ 出方向规则设置完成后，单击"确定"按钮。返回出方向规则列表，可以查看添加的出方向规则。

4.6.4　验证安全组规则是否生效

安全组规则配置完成后，需要验证添加的规则是否生效。假设已经在弹性云服务器上部署了网站，希望用户能通过 HTTP(80)访问网站，则需要在安全组入方向添加对应规则，如图 4-27 所示，并放通对应的端口，安全组规则示例如表 4-1 所示。下面分别介绍如何在 Linux 弹性云服务器和 Windows 弹性云服务器中验证安全组规则是否生效。

图 4-27 在安全组入方向添加对应规则

表 4-1　安全组规则示例

方向	优先级	策略	类型	协议端口	源地址
入方向	1	允许	IPv4	自定义 TCP：80	0.0.0.0/0

1. Linux 弹性云服务器

在 Linux 弹性云服务器上验证该安全组规则是否生效，具体步骤如下。

① 登录弹性云服务器。

② 打开命令行，执行命令 netstat -an | grep 80，查看 TCP 80 端口是否被监听。若显示信息如图 4-28 所示，说明 TCP 80 端口已开通。

```
tcp        0        0 0.0.0.0:80              0.0.0.0:*               LISTEN
```

图 4-28　Linux TCP 80 端口验证结果

③ 打开浏览器，在地址栏中输入"http://弹性云服务器的弹性 IP 地址"。如果访问成功，说明安全组规则已经生效。

2. Windows 弹性云服务器

在 Windows 弹性云服务器上验证该安全组规则是否生效，具体步骤如下。

① 登录弹性云服务器。

② 通过"开始"菜单运行"cmd"，打开命令执行窗口。

③ 执行命令 netstat -an | findstr 80，查看 TCP 80 端口是否被监听。若显示信息如图 4-29 所示，说明 TCP 80 端口已开通。

```
TCP    0.0.0.0:80             0.0.0.0:0             LISTENING
```

图 4-29　Windows TCP 80 端口验证结果

④ 打开浏览器，在地址栏中输入"http://弹性云服务器的弹性 IP 地址"。如果访问成功，说明安全组规则已经生效。

第5章
华为云计算服务与应用

学习目标

- 掌握云计算技术原理。
- 了解华为云计算服务的具体内容。
- 掌握华为云计算服务的具体实践。

基于华为云网络服务，华为云还可以提供基于计算资源的华为云计算服务。本章主要介绍云计算技术原理，并介绍典型的华为云计算服务，以及华为云计算服务的具体实践。

5.1 云计算技术原理

本章中的"云计算"指的是华为云上虚拟化后的计算资源。云上的计算资源主要是由云服务器和云上物理服务器（裸金属服务器）提供的。

1. 计算需求与计算载体

不论是古代还是现代，国内还是国外，生产资料聚集的企业往往会产生密集的计算诉求，主要需求集中于财务、生产等环节中。算盘是中国古代劳动人民发明创造的一种简便的计算载体，被广泛应用于人们的日常生活。早在我国的东汉时期，算盘就活跃于民间的钱庄、作坊等"企业"中，初步实现了计算功能。然而，由于算盘完全依靠人力操作，因此计算效率较低。

1642 年，法国科学家布莱兹·帕斯卡（Blaise Pascal）利用算盘的原理，发明了第一部机械式计算器。1694 年，莱布尼兹（Leibniz）将其改进成可以进行乘除运算的计算器。

之后，计算载体的发展经历了以电子和集成电路计算机为代表的时期。1937 年，约翰·阿塔纳索夫（John Atanasoff）和克利福德·贝瑞（Clifford Berry）设计了世界上第一台基于电子的计算机——"阿塔纳索夫-贝瑞计算机"。依托于物理介质的改变，计算效率实现了大幅提升。后来，美国贝尔实验室于 1947 年发明了晶体管，杰克·基尔比（Jack Kilby）与罗伯特·诺伊斯（Robert Noyce）于 1958 年发明了集成电路，计算载体的物理体积得以大幅度压缩，同时计算性能进入指数级增长轨道，出现了集成电路计算机。计算机的出现为企业的生产资料的计算、存储等提供了一定的媒介。对大型企业而言，由计算机网络所组成的传统数据中心成为企业计算资源的来源。

20 世纪 90 年代初，互联网的出现为传统企业的生产模式带来了革命性的挑战。最早的互联网企业（如电商、游戏等）较早地面临了传统数据中心的低扩展性、高维护成本、低利用率等问题。这些问题的出现导致了企业开始探索如何更高效、更快捷地使用数据中心进行业务的扩展与上线。虚拟化技术作为最早的解决方案之一，被广泛沿用至今。

2. 云上数据中心

基于传统的计算硬件及虚拟化技术，可以将物理的计算资源转化为虚拟计算资源，将物理服务器转化为虚拟机。一台物理服务器可以被虚拟成一台或多台虚拟机，换句话说，多台虚拟机可以共享一台物理服务器的资源。如图 5-1 所示，两台物理服务器为 3 台虚拟机提供计算资源，第一台服务器控制一台虚拟机，第二台服务器控制两台虚拟机。

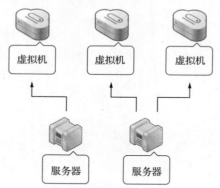

图 5-1　两台物理服务器为 3 台虚拟机提供计算资源

如此一来，既提高了硬件利用率，又提高了资源使用的灵活性（不同的虚拟机在同一台物理服务器上可以运行不同的操作系统并搭载不同的配置）。经过虚拟化后的计算资源通过互联网提供给用户使用，并且这些计算资源支持动态部署、动态分配及实时监控。在典型的云计算模式中，用户通过计算机、手机等终端设备接入网络，向云上数据中心发送请求，云上数据中心接收请求后开始配置资源，通过网络为用户终端提供服务。于是大量复杂的计算与处理过程都可以被转移到云上数据中心来完成，用户终端不需要具备特别强大的计算能力，从而降低了用户本地数据中心的部署成本。这就意味着计算资源也可以作为一种商品或服务进行流通和传递。计算资源如同水电一般，按需使用、源源不断，与水电等资源的使用的不同之处在于，计算资源的请求是通过互联网进行传输的，用户可在任何时间、任何地点方便、快捷地使用。

访问云上数据中心后，用户可以通过选择启动或释放虚拟机来自定义自己的环境，相对来说，这个环境独立于其他用户的环境。图 5-2 所示为用户访问云上数据中心示意，在一个数据中心中有一台物理服务器，对这台物理服务器进行虚拟化得到一台虚拟机，基于这台虚拟机对外提供云服务，用户 A 正在通过直接访问这台虚拟机执行管理任务，与此同时，用户 B 也可以直接使用这台虚拟机上的云服务。

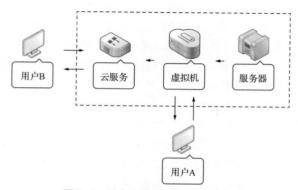

图 5-2　用户访问云上数据中心示意

5.2 华为云计算服务

华为云提供支持华为计算架构的基础计算服务，主要包括华为弹性云服务器、华为云镜像服务、华为裸金属服务器，以及华为云手机等服务。

5.2.1 华为弹性云服务器

弹性云服务器是由 CPU、内存、操作系统、云硬盘组成的基础的计算组件。弹性云服务器创建成功后，就可以像使用本地 PC 或物理服务器一样，在云上使用弹性云服务器。

华为弹性云服务器是基于华为计算平台打造的弹性云服务器，底层硬件基于华为服务器，其中CPU 组件采用华为系列芯片。

华为弹性云服务器的开通是自助完成的，用户只需要指定 CPU、内存、操作系统规格、登录鉴权方式等信息即可，同时也可以根据需求随时调整。

1. 华为弹性云服务器服务架构

在云上环境中，华为弹性云服务器可以通过和其他云上服务产品的配合实现一定的系统性功能，其服务架构如图 5-3 所示。

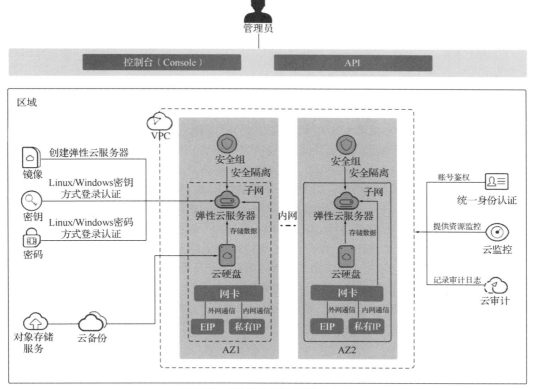

图 5-3 华为弹性云服务器服务架构

华为弹性云服务器的主要功能如下。

（1）华为弹性云服务器在不同可用区（AZ）中部署（可用区之间通过内网连接），部分可用区发生故障后不会影响同一区域（Region）内的其他可用区。

（2）可以通过虚拟私有云建立专属的网络环境，设置子网、安全组，并通过弹性 IP 实现外网链接（需带宽支持）。

（3）通过镜像服务，可以为华为弹性云服务器安装镜像，也可以通过私有镜像批量创建华为弹性云服务器，实现快速的系统部署。

（4）通过云硬盘服务实现数据存储，并通过云硬盘备份服务实现数据的备份和恢复。

（5）云监控是保持华为弹性云服务器可靠性、可用性和性能的重要部分，通过云监控，用户可以观察华为弹性云服务器资源。

（6）云备份提供对云硬盘和华为弹性云服务器的备份保护服务，支持基于快照技术的备份服务，并支持利用备份数据恢复服务器和磁盘的数据。

2. 华为弹性云服务器使用场景

（1）网站应用。适用于对 CPU、内存、硬盘空间和带宽无特殊要求，对安全性、可靠性要求高，服务一般只需要部署在一台或少量的服务器上，一次投入成本少、后期维护成本低的场景，例如，网站开发测试环境、小型数据库应用等场景。可以使用通用型华为弹性云服务器，其主要提供均衡的计算、内存和网络资源，适用于业务负载压力适中的应用场景，能够满足企业或个人普通业务搬迁上云需求。

（2）企业电商。适用于对内存要求高、数据量大且数据访问量大、要求快速反应的数据交换和处理的场景，例如，广告精准营销、电商、移动 App 等场景。可以使用内存优化型华为弹性云服务器，其主要提供高内存实例，同时可以配置超高 I/O 的云硬盘和合适的带宽。

（3）图形渲染。适用于对图像视频质量要求高、内存要求大，要求大量数据处理和 I/O 并发能力，需要完成快速的数据处理交换以及大量的 GPU 计算能力的场景，例如，工程制图等场景。可以使用 GPU 图形加速型华为弹性云服务器 G1，G1 型华为弹性云服务器基于 NVIDIA Tesla M60 硬件虚拟化技术，能够为用户提供较为经济的图形加速服务。它支持 DirectX、OpenGL，可以提供最大显存为 1GB、分辨率为 4096 像素×2160 像素的图形图像处理能力。

（4）数据分析。适用于处理大容量数据，需要高 I/O 能力和快速的数据交换处理能力的场景，例如，MapReduce 和 Hadoop 分布式计算、大规模的并行数据处理和日志处理应用等计算密集型等场景。可以使用磁盘增强型华为弹性云服务器，它能够对本地存储上的极大型数据集进行高性能顺序读写访问的工作负载，其主要采用硬盘驱动器（Hard Disk Drive，HDD）提供存储容量，默认情况下，该服务器所配置的网络带宽连接上限为 10Gbit/s，提供较高的网络收发包性能和网络低延迟。该服务器最多可支持 24 个本地磁盘、48 个 vCPU 和 384GB 内存。

（5）高性能计算。适用于强计算能力、高吞吐量的场景，例如，科学计算、基因工程、游戏动画、生物制药计算和存储系统等场景。可以使用高性能计算型华为弹性云服务器，主要应用在受计算限制的高性能处理器的应用程序上，它能够提供海量并行计算资源和高性能的基础设施服务，具备高性能计算能力和海量存储空间，且可以在一定程度上保证渲染的效率。

5.2.2 华为云镜像服务

1. 镜像服务介绍

镜像是用于创建服务器或磁盘的模板。镜像服务提供镜像生命周期管理能力，用户可以通过服务器或外部文件创建系统盘镜像或数据盘镜像，也可以使用弹性云服务器或云服务器备份创建带数据盘的整机镜像。

用户可以灵活地使用公共镜像、私有镜像或共享镜像申请弹性云服务器和裸金属服务器。同时，用户还能通过已有的云服务器或使用外部镜像文件创建私有镜像，实现业务上云或向云上迁移。

2. 镜像类型

镜像分为公共镜像、私有镜像、共享镜像、市场镜像。公共镜像为系统默认提供的镜像，私有镜像为用户自己创建的镜像，共享镜像为其他用户共享的私有镜像，市场镜像为通过云市场获取的镜像。图 5-4 所示为各类镜像之间的关系。

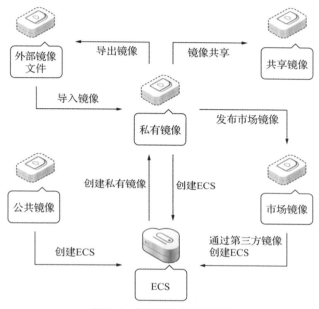

图 5-4　各类镜像之间的关系

（1）公共镜像

常见的是标准操作系统镜像，所有用户可见，包含操作系统及预装的公共应用。公共镜像具有高度稳定性，拥有正版授权，也可以根据实际需求自助配置应用环境或相关软件。华为云公共镜像支持的操作系统类型包括 Windows、CentOS、Debian、openSUSE、Fedora、Ubuntu、EulerOS、CoreOS。

（2）私有镜像

私有镜像包含操作系统或业务数据、预装的公共应用，以及用户的私有应用的镜像，仅用户个人可见。私有镜像分为系统盘镜像、数据盘镜像和整机镜像。

① 系统盘镜像：包含用户运行业务所需的操作系统、应用软件的镜像。系统盘镜像可以用于创建云服务器，迁移用户业务到云。

② 数据盘镜像：只包含用户业务数据的镜像。数据盘镜像可以用于创建云硬盘，将用户的业务数据迁移到云上。

③ 整机镜像：也叫全镜像，包含用户运行业务所需的操作系统、应用软件和业务数据的镜像。整机镜像基于差量备份制作，相比同样磁盘容量的系统盘镜像和数据盘镜像，整机镜像的创建效率更高。

（3）共享镜像

用户将接收云平台其他用户共享的私有镜像，作为自己的镜像使用。

（4）市场镜像

市场镜像是提供预装操作系统、应用环境和各类软件的优质第三方镜像。无须配置，可一键部署，满足建站、应用开发、可视化管理等个性化需求。市场镜像通常由具有丰富云服务器维护和配置经验的服务商提供，并且经过华为云的严格测试和审核，安全性有保证。

3. 镜像服务的应用场景

镜像服务可以应用在不同的场景中。镜像服务的应用场景如图 5-5 所示。

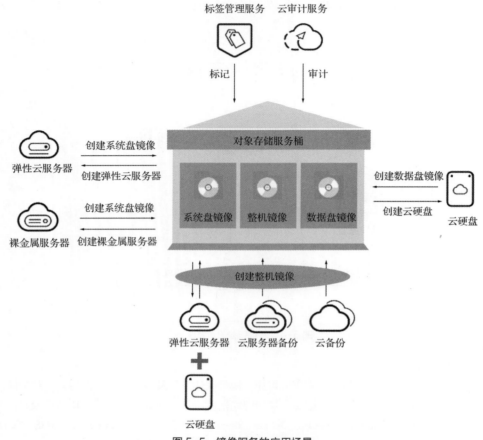

图 5-5　镜像服务的应用场景

一般来说，镜像服务的应用场景可以分为如下类型。

（1）部署特定软件环境。使用共享镜像或市场镜像均可帮助企业快速搭建特定的软件环境，免去了自行配置环境、安装软件等耗时费力的工作，特别适合互联网初创型公司使用。

（2）批量部署软件环境。将已经部署好的云服务器的操作系统、分区和软件等信息打包，用于制作私有镜像，然后使用该镜像批量创建云服务器实例，新实例将拥有相同的环境信息，从而达到批量部署的目的。

（3）服务器运行环境备份。对一台云服务器实例制作镜像以备份环境。当该实例的软件环境出现故障而无法正常运行时，可以使用镜像进行恢复。

（4）云服务器迁移。使用共享镜像和镜像跨区域复制功能，可以实现云服务器在不同账号、不同地域之间迁移。

5.2.3 华为裸金属服务器

裸金属服务器是经过一系列升级过后的物理服务器，它不仅拥有传统服务器的特点，还具有云计算服务的功能。裸金属服务器类似于云上的对于用户专用的服务器，在弹性和灵活性的基础上具有高性能的计算能力，其计算性能与传统物理机相同，具有安全物理隔离的特点。

华为裸金属服务器是一款兼具虚拟机弹性和物理机性能的计算类服务器，主要为企业级用户提供专属的云上物理服务器，为核心数据库、关键应用系统、高性能计算、大数据等业务提供卓越的计算性能及数据安全保证。租户可灵活申请，按需使用华为裸金属服务器。

1. 裸金属服务器服务架构

通过和其他服务组合，裸金属服务器可以实现计算、存储、网络、镜像安装等功能（与 ECS 基本相同）。裸金属服务器的服务架构如图 5-6 所示。

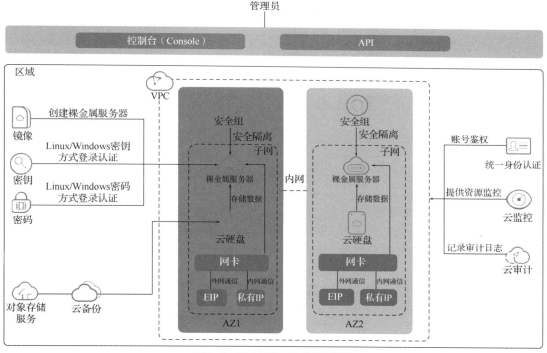

图 5-6　裸金属服务器的服务架构

一般来说，裸金属服务器主要具备如下功能。

（1）裸金属服务器在不同可用区中部署（可用区之间通过内网连接），部分可用区发生故障后不会影响同一区域内的其他可用区。

（2）通过镜像服务，可以为裸金属服务器安装镜像，也可以通过私有镜像批量创建裸金属服务器，实现快速的业务部署。

（3）裸金属服务器可以通过云硬盘服务实现数据存储，并通过云硬盘备份服务实现数据的备份和恢复。

（4）云监控是保持裸金属服务器可靠性、可用性和性能的重要部分，通过云监控，用户可以观察裸金属服务器资源。

（5）云备份提供对云硬盘和裸金属服务器的备份保护服务，支持基于快照技术的备份服务，并支持利用备份数据恢复服务器和磁盘的数据。

2. 裸金属服务器与物理机、虚拟机的功能对比

裸金属服务器与物理机、虚拟机的功能对比如表 5-1 所示。其中，Y 表示支持，N 表示不支持，N/A 表示不涉及。

表 5-1　裸金属服务器与物理机、虚拟机的功能对比

功能分类	功能	裸金属服务器	物理机	虚拟机
下发方式	自动化发放	Y	N	Y
计算	无特性损失	Y	Y	N
	无性能损失	Y	Y	N
	资源无争抢	Y	Y	N
存储	拥有本地存储	Y	Y	N
	使用云硬盘（系统盘）启动	Y	N	Y
	使用镜像，免操作系统安装	Y	N	Y
	RAID 卡可配置	Y	Y	N/A
网络	使用虚拟私有云网络	Y	N	Y
	支持自定义网络	Y	N	N
	物理机集群和虚拟机集群之间通过 VPC 通信	Y	N	Y
管控	远程登录等用户体验和虚拟机一致	Y	N	Y
	支持监控和关键操作审计	Y	N	Y

3. 裸金属服务器使用场景

（1）对安全和监管要求高的场景。适用于金融、证券等对业务部署的合规性要求较高，以及某些客户对数据安全有苛刻要求的场景，采用裸金属服务器部署，能够确保资源独享、数据隔离、操作可监管、可追溯。

（2）高性能计算场景。适用于超算中心、基因测序等高性能计算场景，在这类场景中，处理的数据量大，对服务器的计算性能、稳定性、实时性等要求很高，裸金属服务器可以满足高性能计算的需求。

（3）核心数据库场景。适用于某些关键的数据库业务不能部署在虚拟机上，必须通过资源专享、网络隔离、性能有保障的物理服务器承载的场景。裸金属服务器为用户提供独享的高性能的物理服务器，可以满足该场景下的业务需求。

（4）移动应用场景。在移动应用场景下，特别是在手机游戏的开发、测试、上线和运营过程中，可以通过使用华为系列服务器，尤其是裸金属服务器，利用其对终端设备的兼容性优势，构建一站式解决方案。

5.2.4　华为云手机

云计算移动应用服务是指基于云计算资源虚拟出带有移动类操作系统或是应用程序的云服务器。

华为云手机（Cloud Phone，CPH），是基于华为裸金属服务器，虚拟出带有原生安卓操作系统，具有虚拟手机功能的云服务器。同时，作为一种新型应用，云手机对物理手机起到了非常好的延伸和拓展作用，可以用在如云手游、移动办公等场景。

简单来说，云手机=云服务器+安卓操作系统。用户可以远程实时控制云手机，实现安卓 App 的云端运行；也可以基于云手机的基础算力，高效搭建应用（如云游戏、移动办公、直播互娱等相关应用）。

1. 云手机特点

云手机可以应用于诸如 App 仿真测试、云手游、直播互娱、移动办公等场景，让移动应用不仅可以在物理手机运行，还可以在云端智能运行。云手机的特点如下。

（1）成本低、效率高。面向如 App 仿真测试等互联网行业场景，单台手机的处理效率非常有限，通过云手机的方式，可减少人工操作，大幅降低设备采购、维护成本。

（2）安全性高。由于云手机应用数据运行在云上，因此，在面向政府、金融等信息安全要求较高的行业时，云手机能够提供更加安全、高效的移动办公解决方案。员工通过云手机登录办公系统，可实现公私数据分离，同时企业也可对云手机进行智能管理，在降低成本的同时，信息安全也更加有保障。

（3）支持游戏和直播活动。云手机还可以为游戏、直播等行业的活动提供全新的互动体验方式，开拓新的商业模式和市场空间。以云手游场景为例，因为游戏的内容实际是在云上虚拟手机上运行的，因此可以提前安装部署和动态加载。对最终玩家来说，他们无须下载游戏，即点即玩，这大幅提高了玩家转换率。同时，云手机可以让中低配手机用户也能流畅运行大型手游，扩大了游戏的用户覆盖范围。

2. 云手机服务架构

云手机服务架构分为 3 部分，云手机侧、终端设备侧和客户业务侧，如图 5-7 所示。

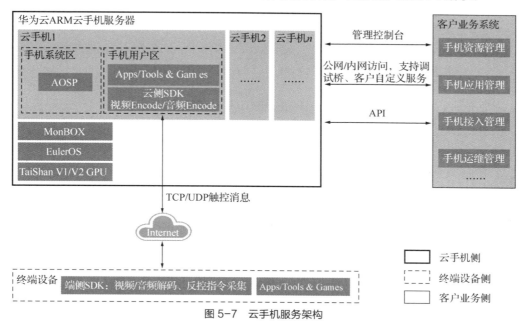

图 5-7 云手机服务架构

云手机基于华为云服务器，集成多张高性价比的专业显卡，可提供专业的图形图像处理能力。

华为服务器中运行了 EulerOS 作为 Host OS，在 Host OS 中通过自研 MonBOX 技术生成容器，在容器中运行安卓开放源代码项目系统，从而虚拟出多台云手机。华为云服务器采用的华为处理器基于 ARM 架构，而手机系统也是基于 ARM 架构的，因此减少了指令集转换所带来的算力损耗，用户可以获得更好的使用体验。

每一台云手机都提供了视频、音频及触控 SDK。用户基于终端设备可以开发相应的 App，以获取云手机中的音频、视频；也可以通过触控指令（如触摸、滑动、点击等）与云手机进行交互。

在客户业务侧，客户通过管理控制台、API、安卓调试桥（Android Debug Bridge，ADB）端口及其他自定义端口，可以对云手机进行资源管理、应用管理、运维管理和接入管理等。

① 资源管理：购买、查询云手机。

② 应用管理：云手机应用程序推送、安装、卸载等。

③ 接入管理：云手机接入认证。

④ 运维管理：重启、重置、关机、开机。

3. 云手机应用场景

（1）云游戏

云游戏作为游戏行业的热门发展方向，通过视频流化的方式，为玩家提供免下载、不依赖手机性能的游戏服务。云游戏本身包括个人计算机端游戏的流化和移动端游戏的流化。云手机作为云端仿真手机，可以发挥移动游戏指令同构的优势，在云端承载游戏应用。

图 5-8 所示为云游戏场景架构，手机游戏 App 安装在云手机中，通过将云手机中的音视频及画面进行流化编码输出到客户端进行显示，同时接收客户端的操作指令控制云手机中的游戏。登录服务器集群采取弹性负载均衡及弹性伸缩设计，能够轻松应对超大规模并发的场景。云手机可部署在各大中心节点及边缘云中，有效降低用户互动体验的时延，做到最佳体验及最优带宽性价比。

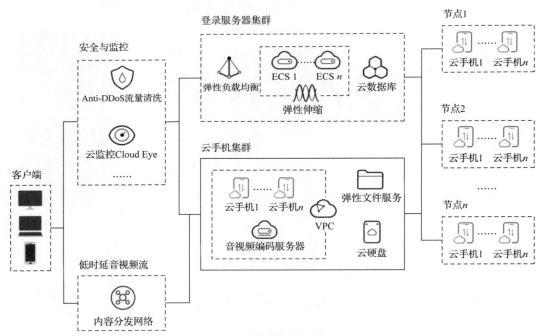

图 5-8　云游戏场景架构

（2）移动办公

随着移动应用的普及，越来越多的企业开始通过移动终端办公，但同时也带来了企业数据安全的隐患，采购定制安全手机虽然可以提高安全性，但仍然无法防止敏感数据泄露。基于云手机的移动办公应用可以将企业核心数据留在云端，而仅仅将手机画面向授权员工开放。

图 5-9 所示为云手机在移动办公场景下的架构。企业 App 被上传至对象存储以后，批量安装在云手机中，通过将云手机的音视频及画面进行流化编码输出到客户端进行显示，同时接收客户端的操作指令控制云手机中的应用，企业数据留在云端，更为安全可靠。

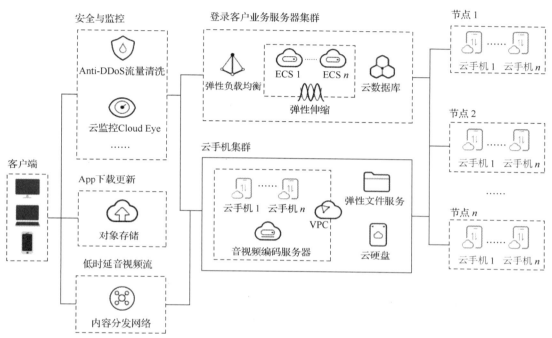

图 5-9　云手机在移动办公场景下的架构

（3）App 仿真测试

通常，手机主要面向个人提供服务，但随着移动应用越来越多，数量越来越庞大，企业在特定的场景下也需要大量运行手机上的移动 App，来完成自动化或智能化的功能，为此需要大量的仿真手机承载此类 App 运行。

App 仿真测试场景架构如图 5-10 所示。手机 App 安装在云手机中，企业通过事先编排好的编程脚本自动化控制云手机运行一个或多个 App，通过拟人化的脚本操作，实现多种多样的场景应用。云手机中的 App 可通过对象存储集中存放，减少大量应用程序安装或更新时的网络带宽消耗。丰富多样的安全与监控服务可给客户业务系统提供齐全且安全的防护措施，保障业务的稳定运行。

（4）直播互娱

直播互娱是云手机的一个创新应用场景，通过将手机画面直播给多个参与者，提供多人互动的场景应用，提升用户体验和直播效果。

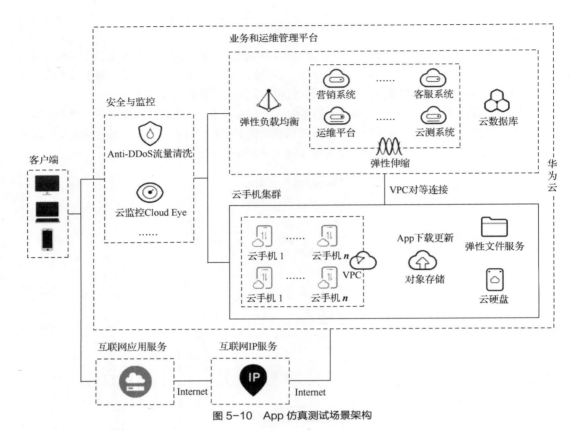

图 5-10　App 仿真测试场景架构

直播互娱场景架构如图 5-11 所示。

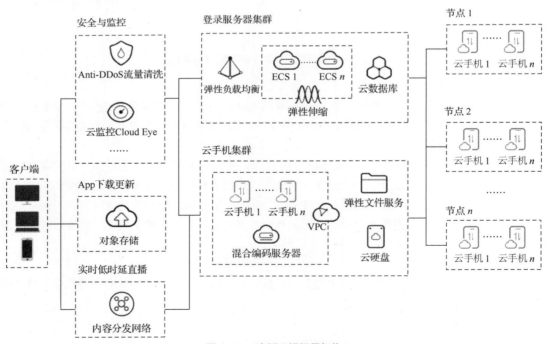

图 5-11　直播互娱场景架构

手机应用/游戏 App 安装在云手机中，将单个或多个手机画面合并输出到编码服务器进行集成编码，然后将画面复制推流到多个客户端（PC、手机、PAD 等）上进行显示，同时云手机接收一个或多个客户端的操作指令。登录服务器集群采取弹性负载均衡及弹性伸缩设计，能够轻松应对超大规模并发的场景。

4．云手机与其他服务的关系

云手机与其他服务的关系如图 5-12 所示。其中，华为弹性云服务器可以作为以内网方式连接云手机的跳板机器，也可以在云手游场景下作为推流服务器。通过 EIP 实现云手机与外部通信，通过 VPC 建立专属的网络环境，云手机的云上存储空间由 EVS 提供。为云手机安装 App 时，可先将安装包上传至对象存储服务的桶，通过相关 ADB 命令实现批量安装。用户在购买云手机后，无须额外安装其他插件，即可通过云监控（Cloud Eye）服务查看云手机及相关资源（云手机服务器、磁盘及 GPU）的监控数据，还可以获取可视化监控图表。另外，还有云审计服务（Cloud Trace Service，CTS）可以记录与云手机相关的操作事件，便于日后的查询、审计和回溯。

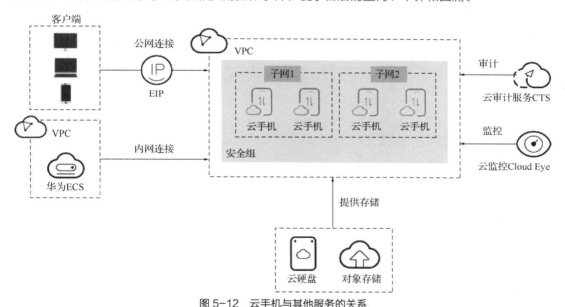

图 5-12　云手机与其他服务的关系

5.3　华为云计算服务实践

了解完理论知识后，可通过如下实践操作加深对华为云计算服务的理解。本实践的主要内容包括在云环境中选择华为弹性云服务器服务、安装操作系统、配置网络参数、登录 ECS。

如果需要在服务器上部署相关业务，相较物理服务器，华为弹性云服务器的创建成本较低，可以在几分钟之内快速获得基于公有云平台的华为弹性云服务器设施，并且这些基础设施是弹性的，可以根据需求伸缩。下面逐步介绍如何创建并登录华为弹性云服务器。

5.3.1　在云环境中选择华为弹性云服务器服务

准备环境，购买 ECS，具体步骤见 4.6.1 节中"购买 ECS"一段。

5.3.2 安装操作系统

（1）选择镜像并创建磁盘，配置 ECS 的镜像和磁盘。镜像是包含操作系统和应用程序的模板。如图 5-13 所示，选择"openEuler"操作系统的"公共镜像"，公共镜像是华为云默认提供的镜像。

图 5-13　选择镜像并创建磁盘

（2）系统盘选择"高 I/O""40GB"。

5.3.3 配置网络参数

（1）设置默认安全组，具体步骤如下。

① 首次使用时，选择华为云提供的默认 VPC、默认安全组，如图 5-14 所示。

② 如果有访问互联网的需求，则华为弹性云服务器需绑定弹性 IP。选择"现在购买"选项，系统将自动分配弹性 IP 给云服务器。

图 5-14　默认安全组

（2）选择登录方式。华为弹性云服务器创建成功后，可通过"密钥对"或"密码"登录。如图 5-15 所示，选择"密码"登录方式。

（3）确认配置并购买，具体步骤如下。

① 确认配置，单击右侧的"立即购买"按钮。

② 检查订单信息，确认无误后，单击"提交"按钮，如图 5-16 所示。

③ 订单支付完成后，系统将会自动创建华为 ECS，创建华为 ECS 需要几分钟时间。

图 5-15　选择"密码"登录方式

图 5-16　检查订单信息

（4）选择新购买的 ECS，具体步骤如下。

① 打开云服务器列表页。

② 查看新购买的华为 ECS，如图 5-17 所示。

③ 选中待登录的华为 ECS。

图 5-17　查看新购买的华为 ECS

（5）绑定弹性 IP（可选）。

用户通过安全外壳（Secure Shell，SSH）密钥方式登录 Linux 华为弹性云服务器时，华为弹性云服务器必须绑定弹性 IP。但如果用户购买华为弹性云服务器时已经绑定弹性 IP，则可以跳过本步骤；如果用户没有绑定弹性 IP，则执行如下步骤。

① 单击待绑定弹性 IP 的华为弹性云服务器名称，进入云服务器详情页。

② 选择"弹性 IP"选项。

③ 单击"绑定弹性 IP"按钮，弹出"绑定弹性公网 IP"对话框，如图 5-18 所示。

图 5-18 "绑定弹性公网 IP"对话框

④ 选择主网卡与弹性 IP，并单击"确定"按钮。

需要说明的是，如果没有可用的弹性 IP，可以单击"查看弹性公网 IP"按钮，然后单击"购买弹性公网 IP"进行购买按钮。

⑤ 绑定成功后，将会显示图 5-19 所示的界面。

图 5-19 绑定成功后界面

5.3.4 登录 ECS

ECS 有多种登录方式，此处以使用 PuTTY 工具登录 ECS 为例，具体步骤如下。

① 双击"PuTTY.EXE"图标，打开"PuTTY Configuration"对话框，如图 5-20 所示。

② 在左侧列表中选择"Session"选项。

③ 在"Host Name (or IP address)"处输入华为弹性云服务器的弹性 IP 名称。

④ 在"Connection type"处选择 SSH。

⑤ 在"Saved Sessions"处输入任务名称，下次使用 PuTTY 时单击保存的任务名称，即可打开远程连接。

⑥ 在左侧列表中选择"Window"选项，在"Translation"下的"Received data assumed to be in which character set:"处选择"UTF-8"。

⑦ 单击"Open"按钮。

⑧ 建立与云服务器的 SSH 连接后，根据提示输入用户名和密码登录华为 ECS。

图 5-20 "PuTTY Configuration"对话框

第6章

华为云存储服务与应用

06

学习目标

● 了解云存储的技术原理。
● 掌握华为云存储服务、华为云备份与容灾服务的概念及应用。

在市场信息化需求的推动下，科学技术正在快速发展，每个人都与互联网建立了紧密的联系，无论是企业还是个人都在使用着各类应用程序，创造着多样性的数据，因此，海量数据的存储成为首要问题。

6.1 云存储技术原理

6.1.1 基本定义

1. 存储

狭义的存储是指根据不同的业务，将信息数据存放在具有冗余、保护、迁移等功能的物理媒介中，如硬盘、紧凑型光碟（Compact Disc，CD）等；广义的存储是指为企业提供信息存取、保护、优化和利用的一整套解决方案。本书中的数据存储指广义的存储。

2. 存储系统及其分类

存储系统是指计算机中由存放程序和数据的各种存储设备、控制部件、管理信息调度的设备（硬件）和算法（软件）所组成的系统。一个单一磁盘存储系统包括磁盘子系统、控制子系统、连接子系统和存储管理软件子系统四大部分。从存储系统物理结构上来看，底层主要是硬盘，其通过相关的连接件（如光纤线，串口线）与内部控制器后端板卡和控制器相连。图 6-1（a）所示为存储系统的物理结构，存储系统通过控制器前端板卡与存储网络交换设备连接为主机提供数据访问服务。存储管理软件是用于配置、管理和优化存储内部的众多子系统和连接件。

根据存储器和主机的位置关系，存储系统大致分为内置存储和外置存储，如图 6-1（b）所示。内置存储系统直接与主机总线相连，主要包括 CPU 运算所需的高速缓存、内存，以及与计算机主板直接相连的外存等，内置存储系统容量相对较小，不方便扩展。外置存储系统根据连接的方式可分为直连式存储（Direct Attached Storage，DAS）和网络化存储（Fabric-Attached Storage，FAS）。网络化存储根据传输协议又分为网络接入存储（Network-Attached Storage，NAS）和存储区域网络（Storage Area Network，SAN）。

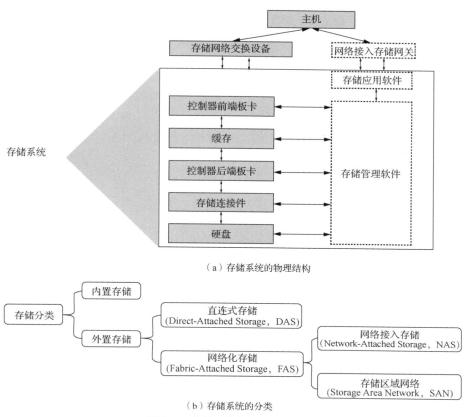

（a）存储系统的物理结构

（b）存储系统的分类

图 6-1　存储系统的物理结构和分类

3. 云存储

云存储是基于云计算延伸和发展出的一个新概念，它是指通过集群应用、网络技术和分布式文件系统等功能，将网络中大量不同类型的存储设备通过应用软件集合起来，共同对外提供数据存储和业务访问功能。

6.1.2　存储架构的发展

第一代存储为直连式存储，指直接和计算机相连接的数据存储方式，最早的形态是磁盘柜（Just a Bunch Of Disks，JBOD）。磁盘柜将多个磁盘串联在一起，主机看到的就是一堆独立的硬盘，扩展能力差且无法共享。

第二代存储旨在解决外部存储共享和扩展的问题，相继出现 NAS 和 SAN。NAS 是专用的高性能文件共享和存储设备，使用 NAS 的用户可以通过网络共享文件。NAS 一般由操作系统、集成硬件、软件组件等部分组成。NAS 具有全面信息存取、较高的效率、较好的灵活性、集中式存储、管理简化、可扩展等特点，但是其 I/O 性能较差。为了解决 I/O 性能差问题，诞生了一种通过网络连接外接存储设备和服务器的存储架构，即 SAN。随着千兆以太网的普及和万兆以太网的实现，SAN 又分为 FC SAN 和 IP SAN。SAN 提供了灵活、高性能和可扩展的存储环境，适用于在服务器和存储设备之间传输大块数据的场景，如对响应时间、可靠性、可用性要求高的数据库应用，以及对性能、数据完整性、可靠性要求高的集中存储备份的场景，如图书馆、银行、证券、中大型企业等。

但采用此种存储方式也存在不足之处，如搭建复杂、成本较高、跨平台性能较差等。

第三代存储为统一存储，既支持基于文件的 NAS，又支持基于块数据的 SAN，并且可由统一界面进行管理。

第四代存储为基于闪存的存储系统，闪存存储是一种可以闪速写入数据并执行随机 I/O 操作的数据存储技术。闪存存储采用非易失性内存，不需要通过供电来维护所存储数据的完整性，因此，即使断电数据也不会丢失。

第五代存储为未来企业级智能存储，是面向多云架构，承载人工智能、物联网和 5G 等新兴技术的未来企业级智能存储。

6.1.3　云存储核心技术

与传统存储设备相比，云存储不仅是一个硬件，而且是一个由网络设备、存储设备、服务器、应用软件、公用访问接口、接入网和客户端程序等多个部分组成的复杂系统。

1. 云存储的结构模型

图 6-2 所示为云存储的结构模型，从下至上依次为存储层、基础管理层、应用接口层和访问层，具体介绍如下。

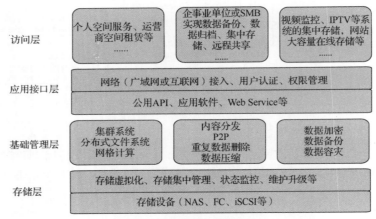

图 6-2　云存储的结构模型

（1）存储层。云存储的基础部分。云存储中的存储设备可以是光纤通道（Fiber Channel，FC）存储设备、NAS 和互联网 SCSI（internet Small Computer System Interface，iSCSI）等网络存储设备，也可以是小型计算机系统接口（Small Computer System Interface，SCSI）或串行连接 SCSI（Serial Attached SCSI，SAS）等直连式存储（Direct-Attached Storage，DAS）设备，且这些设备分布在不同地域，通过广域网、互联网或光纤通道连接，再通过统一的存储管理设备纳管，实现存储设备的逻辑虚拟化管理、存储集中管理、状态监控及故障维护。

（2）基础管理层。云存储的核心部分，也是极难实现的部分。基础管理层通过集群系统、分布式文件系统、网格计算等技术，实现存储设备间的协同工作，提高数据访问性能。

（3）应用接口层。不同的云存储运营单位可以根据实际业务类型开发不同的应用服务接口，提供不同的应用服务。

（4）访问层。任何一个授权用户都可以通过标准的公用应用接口来登录云存储系统，享受云存储服务。云存储运营单位不同，云存储提供的访问类型和访问手段也不同。

2. 云存储的优势

元数据有限是大多数存储系统的缺点，元数据的缺乏限制了系统仅可以实现部分自动化。云存储的一大优势是其可容纳更多元数据，并为特定业务和系统功能的数据提供出色的自定义控制。

传统的存储系统及其横向扩展的节点未考虑多租户，安全性、计费和退款都是固定的，且不是内置的。云存储的另一个显著优势是自定义元数据提供了前所未有的安全层，每个对象或文件都充当自主数据实例，为不同方提供广泛的受控和受限访问策略，在动态和静态时提供内置加密。

每次更新传统存储系统时（通常每 3 年一次），必须迁移数据，这个过程耗时且昂贵。而在云上，可以通过多种方式将数据从云存储移动到本地或另一个云存储服务，如数据迁移服务，在升级过程中不用停机和修复服务器。

传统存储灾难恢复计划需要投入大量成本建立远程站点，而在云存储上，不需要额外的数据中心。数据和应用程序可以自动从私有云复制到一个或多个公有云，其成本只是构建或租用另一个数据中心所需预算的一小部分。

3. 存储虚拟化技术

云存储的一大主要核心技术就是存储虚拟化技术，存储虚拟化是指在存储设备和服务器之间增加一个虚拟层，用于管理和控制存储资源以对服务器提供存储服务。对管理员来说，可以方便地对存储资源进行调整，提高存储利用率。对终端用户来说，集中的存储设备可以提供更好的性能和易用性。图 6-3 所示为存储虚拟化的技术原理。

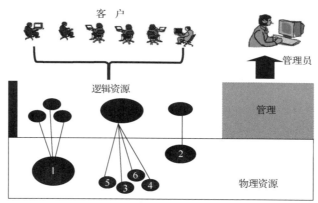

图 6-3　存储虚拟化的技术原理

当前，存储虚拟化技术主要包括基于主机的存储虚拟化、基于存储设备的存储虚拟化、基于网络的存储虚拟化 3 类。

（1）基于主机的存储虚拟化。基于主机的存储虚拟化中存储产品与服务器是一体的，存储虚拟化的应用一般通过特定的逻辑卷管理软件完成，逻辑卷管理软件可把多个不同的磁盘阵列映射成一个虚拟的逻辑空间。当存储需求增加时，系统可以在不中断运行的情况下，通过逻辑卷管理软件将部分逻辑空间映射到新增的磁盘阵列中进行使用。基于主机的存储虚拟化主要用于在不同磁盘阵列之间做数据镜像保护的场景，基于主机的存储虚拟化模型如图 6-4 所示。一般情况下，企业要实现基于主机的存储虚拟化的应用，基本不需要额外购买商业软件，部署成本低。另外，虚拟层和文件系统均被部署在主机上，二者紧密结合，可实现存储容量的灵活管理及逻辑卷和文件系统在不停机状态下的灵活调整，稳定性高。但是采用该技术仍有性能不佳，系统和应用兼容性差，主机升级、维护、扩展复杂等问题。性能不佳主要体现在两个方面：一方面是将逻辑卷管理软件与主机部署在一起，会一定程度占用主机资源，影响主机运行性能；另一方面是基于特定文件系统实现的存储虚拟化应用，较裸机的虚拟化应用存在性能较差的问题。因此，基于主机的存储虚拟化不适合应用于对性能要求高、用户数量多的大型企业中。

图6-4　基于主机的存储虚拟化模型

（2）基于存储设备的存储虚拟化。基于存储设备的存储虚拟化模型如图 6-5 所示，其实现方式是在存储控制器上添加虚拟化功能，存储设备虚拟层管理共享存储资源并匹配可用资源和访问需求。典型的如虚拟磁盘，将多个物理磁盘按照一定方式组织形成一个标准的虚拟逻辑设备。虚拟磁盘主要由功能设备、管理器和物理磁盘组成。功能设备是主机所看到的虚拟逻辑单元，可以被当作一个标准的磁盘使用；管理器通过一系列磁道指针转换表完成从逻辑磁盘至物理磁盘的地址映射；物理磁盘是用于存储的物理设备。基于存储设备的存储虚拟化方案可以不占用主机资源，数据管理功能丰富；但一般只能实现对本设备内磁盘的虚拟化，不同厂商间的数据管理功能不能互操作，多套存储设备需要配套相应的数据管理软件，成本较高。

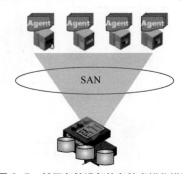

图6-5　基于存储设备的存储虚拟化模型

（3）基于网络的存储虚拟化。基于网络的存储虚拟化是指在网络设备之间实现虚拟化功能，将类似于卷管理的功能扩展到整个存储网络，负责共享存储资源、数据复制、数据迁移及远程备份等操作，并对数据路径进行管理，避免产生性能瓶颈。基于网络的存储虚拟化可以采用非对称和对称的虚拟存储架构。

在非对称架构中，服务器可以直接经过交换机对存储设备进行访问，虚拟存储控制器处于系统数据通路之外，不直接参与数据的传输。虚拟存储控制器对所有存储设备进行配置，并将配置信息提交给所有服务器。这种方式直接使存储设备并发工作，达到了增大传输带宽的目的。在对称架构中，虚拟存储控制设备位于服务器与存储设备之间，通过运行虚拟存储控制设备上的存储管理软件来管理和配置所有存储设备。非对称架构的控制信息和数据路径不同，而对称架构的控制信息和数据走同一路径，故非对称架构比对称架构具有更好的可扩展性，但非对称架构存在安全性不高的问题。

4. 分布式文件系统

随着互联网的快速发展，用户的规模呈指数级增长，这导致了计算机以本地硬盘进行扩展的方式难以满足用户在硬盘容量、扩展速度、数据安全性、数据备份等方面的需求。分布式文件系统可以解决这个问题。

假设在一个大型的媒体广告公司中，每天都要进行 TB 数量级的视频文件上传与剪辑工作。一开始，该公司仅靠本地硬盘的手动扩展，使文件存储在本地的计算机中，然而，硬盘的扩容占据了大量工作时间，甚至需要专人每天进行硬盘更换、扩容与维修工作，成本很高且效率很低，共享性也不佳。随着公司规模的不断扩大，硬盘甚至填满了一个小房间。随着该广告公司的发展，该公司在异地开设了十几个门店，每个门店都有用于视频剪辑的计算机接入同一个文件系统中进行工作。此时就需要采用分布式文件系统，该系统既可以搭建在公司总部机房，也可以搭建在云端。

图 6-6 所示为分布式文件系统架构，用户可以通过客户端（Client Server）的形式访问分布式文件系统的主控服务器（Master Server）。分布式文件系统的主要访问对象与管理对象就是下层的数据块服务器（Chunk Server）。数据块服务器主要的工作任务是定期向主控服务器通报其状态（如运行状态、剩余空间、网络状况等）。如果主控服务器对某一个文件有增删改查等操作行为，实际上命令是由主控服务器发送至数据块服务器执行的。

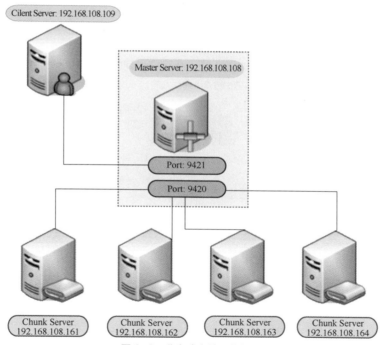

图 6-6　分布式文件系统架构

分布式文件系统早期的发展雏形是 SUN 公司在 1984 年推出的网络文件系统（Network File System，NFS）。当时 NFS 解决的主要问题是将硬盘从主机中独立出来，形成一张具有更大容量、更多主机的存储网络，和图 6-6 所示的架构类似。当然，这个时候的分布式技术并不成熟。

随着互联网流量的逐渐增多，为了存储海量搜索数据，谷歌于 2003 年发布了 GFS。相比于 NFS，GFS 在容错机制、文件大小、读写模式等方面都有一定的优势。可以解决互联网带来的图片文件小但数量多、视频文件尺寸不一等问题。GFS 作为分布式文件系统，可以将数据分散地存储在物理位置不同的节点上，同时对这些存储节点的资源进行统一分配和管理，为用户呈现统一的接口。

图 6-7 所示为 GFS 整体架构，GFS 和 NFS 类似，采用比较典型的主从管理架构。在 GFS 中，所存储的文件被切分成固定大小的数据块（Chunk）。主控服务器的功能主要是管理元数据（类似索引），包括文件与 Chunk 命名空间、文件到 Chunk 之间的映射、Chunk 的位置信息等。而数据块服务器将文件以 Linux 文件的形式存储在磁盘中。Chunk 会以 3 个副本的形式存储来提高可靠性。

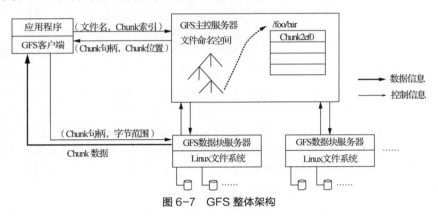

图 6-7 GFS 整体架构

HDFS 与 GFS 类似，业界普遍认为 HDFS 是 GFS 的开源实现。Apache Hadoop 是一款支持数据密集型分布式应用程序的开源软件框架，以 Apache 2.0 许可协议发布，常用于日志处理、点击流分析、PB 级分析等应用场景。HDFS 为 Hadoop 的分布式计算提供了海量、高容错性、高吞吐量的文件系统。HDFS 同样采用了分布式架构，如图 6-8 所示。

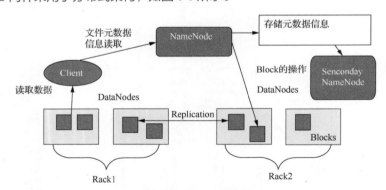

图 6-8 HDFS 架构

由于 HDFS 架构是参考 GFS 架构实现的，所以二者的组件虽然在名称上有所不同，但是功能上基本一致，HDFS 和 GFS 中涉及的名词及功能说明如表 6-1 所示。

表 6-1 HDFS 和 GFS 中涉及的名词及功能说明

名词	主要功能	GFS 对应术语	HDFS 对应术语
主控服务器	控制整个文件系统的元数据与各数据服务器的中枢服务器	Master Server	NameNode
数据块	文件存储的基本颗粒单位，每个文件会被切分成若干个大小一致的数据块	Chunk	Block
数据服务器	存储数据块的服务器，为分布式文件系统提供了存储资源	Chunk Server	DataNode

由于数据块的存储可以复制相同副本并将其分布在不同的数据节点上，所以 HDFS 和 GFS 一样具备较好的可靠性，可以在副本丢失的情况下进行数据恢复。在保证一定可靠性的前提下，为了更好地支持大规模的数据处理，HDFS 的数据规模可以达到 PB 级别，文件规模可以达到百万级别。同时，HDFS 通常构建在较为廉价的设备上，以达到降本增效的目的。

HDFS 有一定的局限性，无法满足以下场景的性能需求。

① 小文件的存储与读取场景：主控服务器在文件寻址时需要消耗一定的内存资源，但主控服务器的内存资源会被优先用于其他用途。因此，整体寻址时间会超过文件读取时间，消耗时间太长，性能不佳。

② 低时延数据访问场景：HDFS 不适用于一些毫秒级访问要求的场景。

③ 并发写入场景：HDFS 不支持多线程进行文件并行写入，单个文件只能由单个线程写入。

6.2 华为云存储服务

各个云服务厂商都可以基于华为架构提供对应的存储服务，本节着重介绍华为云相关的存储服务。根据存储的功能特性，云存储服务大致可以分为 3 种类型：块存储服务、对象存储服务和弹性文件存储服务，下面分别进行介绍。

6.2.1 块存储服务

1. 块存储概念

块存储会将数据拆分成块，每个文件或对象可以分布在多个块上。每个数据块都有一个唯一标识符，所以存储系统能将较小的数据存放在方便的位置。块存储通常会被配置为将数据与用户环境分离，并将数据分布到可以更好地为其提供服务的多个环境中。当用户请求数据时，底层存储软件会重新组装来自这些环境的数据块，并将它们呈现给用户。

由于块存储不依赖单条数据路径，每个块都独立存在且可进行分区，因此，可以通过不同的操作系统进行访问，这使得用户可以完全自由地配置数据。这是一种高效、可靠的数据存储方式，且易于使用和管理，适用于要执行大型事务的企业和部署了大型数据库的企业。这意味着，需要存储的数据越多，就越适合使用块存储。但是，块存储也存在缺点，如成本较为高昂，处理元数据的能力有限，这意味着它需要在应用或数据库级别进行处理。

2. 云硬盘简介

云硬盘可以为弹性云服务器和裸金属服务器提供高可靠、高性能、规格丰富并可弹性扩展的块存储服务，以满足不同场景的业务需求，云硬盘适用于分布式文件系统、开发测试、数据仓库和高性能计算等场景。

云硬盘类似个人计算机中的硬盘，需要挂载至对应云服务器使用，无法单独使用。用户可以对已挂载的云硬盘执行初始化、创建文件系统等操作，还可以把数据持久化地存储在云硬盘上。

3. 云硬盘架构

图 6-9 所示为华为云的云硬盘架构，用户可以将云硬盘挂载至已购买的华为弹性云服务器上，若用户想对云硬盘中的数据做冗余备份以保证数据的高可靠，可以通过创建备份和快照来完成。

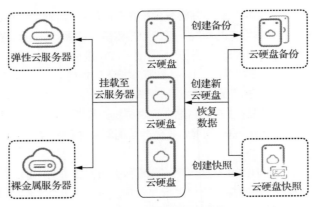

图 6-9　华为云的云硬盘架构

4. 云硬盘性能介绍

根据性能，云硬盘可分为超高 I/O 云硬盘、通用型固态硬盘（Solid State Disk，SSD）、高 I/O 云硬盘。高 I/O 云硬盘采用了结合低时延拥塞控制算法的远程直接存储器访问（Remote Direct Memory Access，RDMA）技术，单盘最大吞吐量达 1000 MBit/s，并具有极低的单路时延性能。

与云硬盘性能相关的主要指标如下。

① 每秒处理的输入/输出请求（Input/Output Operations Per Second，IOPS）：云硬盘每秒进行读写的操作次数。

② 吞吐量：云硬盘每秒成功传送的数据量，即读取和写入的数据量。

③ I/O 读写时延：云硬盘连续两次进行读写操作所需要的最短时间间隔。

5. 共享云硬盘

共享云硬盘是一种支持多台云服务器并发读写访问的数据块级存储设备，具有多挂载点、高并发性、高可靠性等特点。主要应用于需要支持集群、高可用集群能力的关键企业应用场景，如图 6-10 所示。

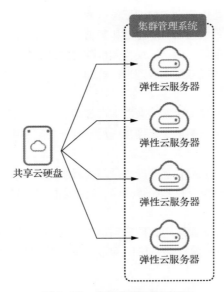

图 6-10　共享云硬盘应用场景

一块共享云硬盘最多可被同时挂载至 16 台云服务器，若想实现文件共享，需要搭建共享文件系统或类似的集群管理系统，如 Windows MSCS 集群、Veritas VCS 集群和 CFS 集群等，否则会存在数据覆盖风险。

6.2.2 对象存储服务

1. 对象存储概念

在对象存储中，数据会被分解为称为"对象"的离散单元，并保存在单个存储库中。对象存储卷作为模块化单元进行工作，每个卷都是一个自包含式存储库，均含有数据、可在分布式系统上找到对象的唯一标识符和描述数据的元数据。对象存储需要一个简单的 HTTP API，以供大多数客户端（各种语言）使用。

2. 对象存储服务简介

对象存储服务（Object Storage Service，OBS）是一个基于对象的海量存储服务，为客户提供海量、安全、高可靠、低成本的数据存储能力。OBS 适用于大数据分析、静态网站托管、在线视频点播、基因测序、智能视频监控、备份归档、HPC、企业云盘等应用场景。

OBS 系统和单个桶均没有总数据容量、对象或文件数量的限制，为用户提供了超大存储容量，适合普通用户、网站、企业和开发者用来存放任意类型的文件。OBS 是一项面向 Internet 访问的服务，提供了基于 HTTP/HTTPS 的 Web 服务接口，即用户可以随时随地利用连接到 Internet 的计算机，通过 OBS 管理控制台或各种 OBS 工具访问和管理存储在 OBS 中的数据。此外，OBS 支持 SDK 和 API，用户可以方便地管理自己存储在 OBS 上的数据，还可以开发多种类型的上层业务应用。

3. 对象存储服务产品架构

OBS 的基本组成是桶（Bucket）和对象（Object）。桶是 OBS 中存储对象的容器，每个桶都有自己的存储类别、访问权限、所属区域等属性，用户在互联网上通过桶的访问域名来定位桶。OBS 的产品架构如图 6-11 所示。

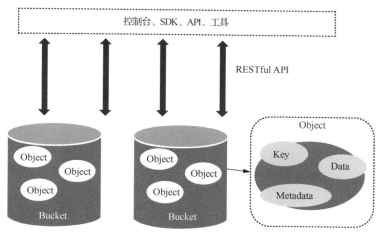

图 6-11　OBS 的产品架构

对象是 OBS 中数据存储的基本单位，一个对象实际是一个文件的数据和与其相关属性信息的集合体，包括 Key、Metadata、Data 这 3 部分。Key 为键值，即对象的名称，为经过 UTF-8 编码的、长度大于 0 且不超过 1024 位的字符序列。一个桶里的每个对象都必须拥有唯一的对象键值。

Metadata 为元数据，即对象的描述信息，包括系统元数据和用户元数据，这些元数据以键值对（Key-Value）的形式被上传到 OBS 中。系统元数据由 OBS 自动产生，在处理对象数据时使用，包括 Date、Content-length、Last-modify、Content-MD5 等。用户元数据由用户在上传对象时指定，是用户自定义的对象描述信息。Data 为数据，即文件的数据内容。

4. 对象存储服务类别

OBS 提供了 3 种存储类别，即标准存储、低频访问存储、归档存储，以满足业务对存储性能、成本的不同诉求。

① 标准存储：时延低和吞吐量高，因而适用于有大量热点文件（平均一个月多次）或小文件（小于 1MB），且需要频繁访问数据的业务场景，如云应用、大数据、移动应用、热点视频、社交图片等场景。

② 低频访问存储：适用于不频繁访问（平均一年少于 12 次）但在需要时也要求快速访问数据的业务场景，如文件同步/共享、企业备份等场景。与标准存储相比，低频访问存储有相同的数据持久性、吞吐量和访问时延，且成本较低，但是可用性略低于标准存储。

③ 归档存储：适用于很少访问（平均一年访问一次）数据的业务场景，如数据归档、长期备份等场景。归档存储安全、持久且成本极低，可以用来代替磁带库。但为了保持成本低廉，归档存储的数据取回时间可能长达数分钟到数小时不等。

5. 对象存储服务解决的问题

在信息时代，企业数据量直线增长，自建存储服务器存在诸多劣势，已无法满足企业日益强烈的存储需求，OBS 的出现解决了企业海量数据存储的诸多问题。

① 海量存储问题：从数据存储量看，OBS 提供海量数据的存储服务，在全球部署着 N 个数据中心，所有业务、存储节点采用分布式集群方式部署，各节点、集群都可以独立扩容。

② 安全保障问题：OBS 支持 HTTPS/SSL，支持数据加密上传。同时 OBS 可以通过访问密钥（ak/sk）对访问用户的身份进行鉴权，并结合桶策略、ACL、防盗链等多种方式确保数据传输与访问的安全。

③ 可靠性问题：OBS 拥有 5 级可靠性架构，即区域级可靠性，通过跨区域复制、AZ 间数据容灾、AZ 内设备/数据冗余，保障数据的持久性，以及业务的连续性。

④ 体验感知问题：OBS 通过智能调度和响应，优化数据访问路径，并结合事件通知、传输加速、大数据垂直优化等方式，为各场景下用户的千亿对象提供千万级并发、超高带宽、稳定低时延的数据访问体验。

对象存储服务功能名称及描述如表 6-2 所示。

表 6-2 对象存储服务功能名称及描述

功能名称	功能描述
桶管理	在 OBS 中，桶是 OBS 中存储对象的容器。桶名是全局唯一的。桶所属区域在创建后无法修改。OBS 提供创建、列举、搜索、查看、删除等基本功能以进行桶管理
桶清单	桶清单功能可以定期生成桶内对象的元数据信息，一个桶最多支持 10 条桶清单
对象管理	对象是 OBS 中数据存储的基本单位。通常将对象等同于文件来进行管理，但是 OBS 并没有文件系统中的文件和文件夹概念。为了使用户更方便地管理数据，OBS 提供了一种模拟文件夹的方式，即通过在对象的名称中增加 "/"，如 "test/123.jpg"。此时，"test" 就被模拟成了一个文件夹，"123.jpg" 则被模拟成 "test" 文件夹下的文件名，而实际上，对象名称仍然是 "test/123.jpg"

续表

功能名称	功能描述
图片处理	使用图片处理功能可以对存放在 OBS 中的图片进行瘦身、剪切、缩放、增加水印、转换格式等操作，并且可以快速获取到处理后的图片
生命周期管理	生命周期管理是指通过配置指定的规则，实现定时删除桶中的对象或定时转换对象的存储类别的功能
跨区域复制	跨区域复制能够为用户提供跨区域数据容灾的能力，将一个桶（源桶）中的数据自动、异步地复制到另外一个桶（目标桶）中，暂不支持跨账号复制
服务端加密	当启用服务端加密功能后，用户上传对象时，数据会在服务端被加密成密文后存储。用户下载被加密对象时，存储的密文会先在服务端被解密为明文，再提供给用户
信息通知	OBS 依赖消息通知服务提供消息通知功能，可以将 OBS 桶中对象的上传、删除等操作事件发送给指定的订阅终端，以实时掌握 OBS 桶中发生的关键事件
日志管理	通过日志管理功能获取桶的访问数据。开启日志管理功能后，桶的每次操作将会产生一条日志，并将多条日志打包成一个日志文件保存在目标桶中，用户可以基于日志文件进行请求分析或日志审计
多版本控制	开启多版本控制功能后，可以在一个桶中保留多个版本的对象，更方便地检索和还原各个版本，在意外操作或应用程序故障时可以快速恢复数据

不同的对象存储服务工具说明和应用场景如表 6-3 所示。

表 6-3　不同的对象存储服务工具说明和应用场景

工具	说明	应用场景
OBS Browser+	图形化界面操作工具，用于访问和管理对象，支持完善的桶管理和对象管理操作	在中小型企业中上传、下载和分享个人数据等
obsutil	用于访问管理 OBS 的命令行工具，对于熟悉命令行工具的用户，obsutil 是执行批量处理、自动化任务的好选择	中小型企业的 IT 运维管理人员备份、分享、管理数据。命令行方式更高效，可以和脚本集成做简单自动化处理
obsfs	基于 FUSE 的文件系统工具，主要用于将 OBS 并行文件系统挂载至 Linux 系统，让用户能够在本地像操作文件系统一样直接使用 OBS 海量的存储空间	Linux 操作系统

6.2.3　弹性文件存储服务

1. 文件存储概念

文件存储以文件和文件夹的层级架构来整理和呈现数据。数据会以单条信息的形式存储在文件夹中，当用户访问数据时，存储在文件中的数据会根据数量有限的元数据来进行整理和检索，这些元数据会告诉用户计算机文件所在的确切位置。

2. 弹性文件服务简介

弹性文件服务（Scalable File Service，SFS）提供按需扩展的高性能文件存储功能，可为云上多台弹性云服务器、容器、金属服务器提供共享访问服务。

3. 弹性文件服务架构及特点

图 6-12 所示为华为云弹性文件服务产品架构，弹性文件服务可以挂载给同一个区域下的多个可用区，实现多台云服务器的共同访问和文件共享；弹性文件服务可以根据需要，在不中断应用的情况下，

增加或减少文件系统容量；弹性文件服务具有高性能、高可靠性的特点，性能随容量的增加而提升，保障数据的可持久性；弹性文件服务支持 NFS，通过标准协议访问数据，无缝适配主流应用程序进行数据读写。概括来说，弹性文件服务具有文件共享、弹性扩展、高性能、高可靠性、无缝集成、操作简单、成本低等特点。

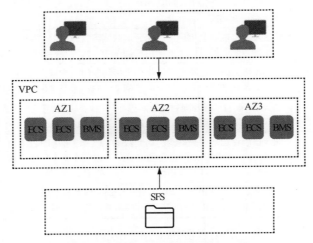

图 6-12　华为云弹性文件服务产品架构

4．文件系统类型

华为云弹性文件服务提供了 SFS 容量型和 SFS Turbo 两种类型的文件系统，其中，SFS Turbo 又分为 SFS Turbo 标准型、SFS Turbo 标准型-增强版、SFS Turbo 性能型和 SFS Turbo 性能型-增强版等。表 6-4 所示为不同文件系统类型从存储类型、优势和应用场景方面进行对比的结果。

表 6-4　不同文件系统类型对比结果

文件系统类型	存储类型	优势	应用场景
SFS 容量型	—	大容量、高带宽、低成本	大容量扩展和成本敏感型业务，如媒体处理、文件共享、HPC、数据备份等。SFS 容量型文件系统不适合海量小文件业务
SFS Turbo	SFS Turbo 标准型	低时延、租户独享	海量小文件业务，如代码存储、日志存储、Web 服务、虚拟桌面等
	SFS Turbo 标准型-增强版	低时延、高带宽、租户独享	海量小文件业务及高带宽型业务，如代码存储、文件共享、企业 OA、日志存储等
	SFS Turbo 性能型	低时延、高 IOPS（硬盘读写性能指标）、租户独享	海量小文件、随机 I/O 密集型和时延敏感型业务，如高性能网站、文件共享、内容管理等
	SFS Turbo 性能型-增强版	低时延、高 IOPS、高带宽、租户独享	海量小文件、时延敏感型及高带宽型业务，如图片渲染、AI 训练、企业 OA 等

6.2.4　存储服务的区别

表 6-5 所示为不同存储服务从概念、数据存储逻辑、访问方式、使用场景和容量方面进行对比的结果。

表 6-5　不同存储服务对比结果

	云硬盘	对象存储服务	弹性文件存储服务
概念	可以为云服务器提供高可靠、高性能、规格丰富并且可弹性扩展的块存储服务，可满足不同场景的业务需求。云硬盘类似于个人计算机中的硬盘	提供海量、安全、高可靠、低成本的数据存储能力，可供用户存储任意类型和大小的数据	提供按需扩展的高性能文件存储，可为云上多台云服务器提供共享访问。弹性文件服务类似于 Windows 或 Linux 中的远程目录
数据存储逻辑	存放的是二进制数据，无法直接存放文件，如果需要存放文件，需要先格式化文件系统	存放的是对象，可以直接存放文件，文件会自动产生对应的系统元数据，用户也可以自定义文件的元数据	存放的是文件，会以文件和文件夹的层次结构整理和呈现数据
访问方式	只能在 ECS/BMS 中挂载使用，不能被操作系统应用直接访问，需要访问时要先格式化成文件系统	可以通过互联网或专线访问。需要指定桶地址进行访问，使用的是 HTTP 和 HTTPS 等传输协议	在 ECS/BMS 中通过网络协议挂载使用，支持 NFS 和 CIFS 的网络协议。需要指定网络地址进行访问，也可以将网络地址映射为本地目录后进行访问
使用场景	高性能计算、企业核心集群应用、企业应用系统和开发测试等	大数据分析、静态网站托管、在线视频点播、基因测序和智能视频监控等	高性能计算、媒体处理、文件共享和内容管理和 Web 服务等
容量	TB 级别	EB 级别	PB 级别

6.3 华为云备份与容灾服务

6.3.1 数据备份技术原理

数据备份是容灾的基础，是为了防止系统出现操作失误或系统故障导致数据丢失，而将全部或部分数据复制到大容量存储设备的过程。

1. 数据备份系统的组成

一个完整的数据备份系统包括备份主体、备份目的端、备份通路、备份执行引擎及备份策略。

① 备份主体：指需要进行数据备份的备份源。

② 备份目的端：指备份主体的数据被备份至何处，如本地硬盘、SAN、NAS 等。

③ 备份通路：本地备份数据从本地磁盘出发，通过本地的总线和内存，经过 CPU 运算少量控制逻辑代码以后，流回本地磁盘。如果备份主体和备份目的端不在同一设备，那么需要通过网络进行连接。

④ 备份执行引擎：一般由引擎，即备份软件，来推动数据从备份主体到备份的目的端。备份软件通常包括备份软件服务端、介质管理服务器、各种类型的备份客户端及其他附件的功能模块等。

⑤ 备份策略：指备份执行引擎的工作规则，引擎需要根据设定的规则来运转，不能一直运转。

2. 备份技术的基本模式

备份技术有两种基本模式，分别是数据恢复点目标（Recovery Point Objective，RPO）和数据恢复时间目标（Recovery Time Objective，RTO），如图 6-13 所示，具体介绍如下。

① RPO：表示业务系统所能容忍的数据丢失量。

② RTO：表示所能容忍的业务停止服务的最长时间，也就是从灾难发生到业务系统恢复服务功能所需要的最短时间周期。

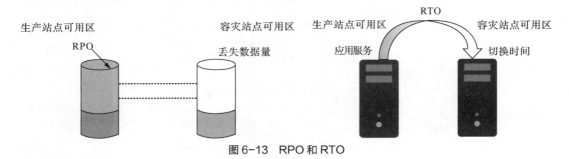

图 6-13　RPO 和 RTO

备份粒度依赖于业务需求和所需的 RTO/RPO，根据粒度的不同，备份可以分为完全备份、增量备份和差异备份，如图 6-14 所示。

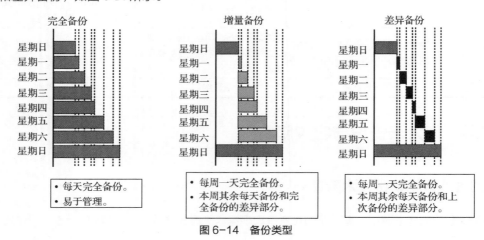

图 6-14　备份类型

3. 快照技术

为了保护重要的数据信息，用户会定期对数据进行备份或复制。然而，由于数据备份过程会影响应用性能且耗时较长，存在备份窗口问题。通过数据快照技术可以尽可能地缩小数据备份窗口。存储网络行业协会对快照的定义是：对指定数据集合的一个完全可用副本，该副本包含源数据在复制时间点的静态影像。快照可以是数据再现的一个副本。

快照具有广泛的应用，如可以作为备份的源、作为数据挖掘的源、作为保护应用程序状态的检查点，以及数据复制的手段等。

常见的快照技术分类如下。

① 全拷贝快照：镜像分离（Splitting a Mirror）。

② 差分快照：写时拷贝（Copy-On-Write，COW）、写时重定向（Redirect-On-Write，ROW）、随机写（Write Anywhere，WA）。

下面将对全拷贝快照技术中的镜像分离，以及差分快照中的写时拷贝（COW）和写时重定向（ROW）进行详细介绍。

（1）镜像分离

在快照时间点之前，先为源数据卷创建并维护一个完整的物理镜像卷。同一数据的两个副本将分别被保存在源数据卷和镜像卷组成的镜像对上。当启动快照时，镜像操作停止，镜像卷快速脱离转换为快照卷，获得一份数据快照。当快照卷完成数据备份应用后，快照卷与源数据卷同步，重新成为镜像卷。镜像分离的实现过程如图 6-15 所示。

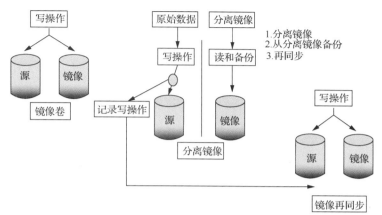

图 6-15　镜像分离的实现过程

当需要同时保留多个连续时间点快照的源数据卷，需预先创建多个镜像卷，当第一个镜像卷被转化为快照卷后，预创建的第二个镜像卷立即与源数据卷同步，与源数据卷组成新的镜像对。优势是镜像分离操作时间短，对上层应用影响小；劣势是灵活性较差，需要多个与源数据卷容量相同的镜像卷，同步镜像会降低存储系统的性能。

（2）写时拷贝

创建快照后，若想改写源数据卷上数据，则快照会将原始数据复制到快照卷对应的数据块上，然后对源卷进行改写。图 6-16 所示为写时拷贝的实现过程，快照前将数据 p 写入块 1。快照创建后，若上层业务对源卷写数据 z，快照系统将 z 即将写入的数据块中的数据 g 读出并写入快照卷上。同时，会生成一张映射表，记录源卷及快照卷中数据变化的逻辑地址。然后，用新数据 z 覆盖源卷。

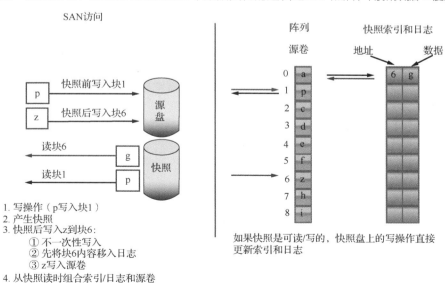

图 6-16　写时拷贝的实现过程

针对快照进行读操作时，首先判断数据是否在快照卷中，如果在快照卷中，则直接从快照卷读取；若不在，则查询映射表，去对应源卷的逻辑地址中读取。

写时拷贝技术中，源卷始终保持最新状态。快照时间点产生的"备份窗口"长度与源数据卷的容量呈线性比例，对应用影响较小，快照卷的分配空间较镜像分离方案中大大减小。但快照卷仅保存了被更新的数据，无法得到完整的物理副本。

（3）写时重定向

创建快照时，会复制一份源数据指针表作为快照数据表。创建快照后，若发生了写操作即写数据 z，将数据 z 写入快照卷中预留的存储空间。同时，更新源数据指针表的记录，使其指向新数据所在的快照卷地址。写时重定向的实现过程如图 6-17 所示。

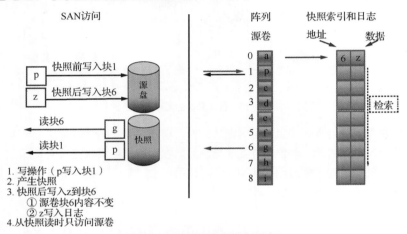

图 6-17　写时重定向的实现过程

读操作的步骤如下。

① 上层业务对源卷进行读操作时，若所读数据产生于创建快照前，即数据保存在源卷上，则上层业务从源卷中读取；若所读数据产生于创建快照后，则需查询映射表，从快照卷中读取。

② 上层业务对快照卷进行读操作时，若数据产生于创建快照前，即数据保存在源卷上，则上层业务查询映射表，从源卷中读取；若所读数据产生于创建快照后，则直接从快照卷中读取。

6.3.2　华为云备份服务

1. 云备份概念

云备份（Cloud Backup and Recovery, CBR）为云内的服务器、云硬盘、文件系统和云下 VMware 虚拟化环境提供简单易用的备份服务，针对病毒入侵、人为误删除、软硬件故障等场景，可将数据恢复到任意备份点。

2. 云备份产品架构

如图 6-18 所示，云备份产品架构由备份、存储库和备份策略组成。备份即一个备份对象执行一次备份任务产生的备份数据，包括备份对象恢复所需要的全部数据。按照备份的对象类型不同，备份可以分为云硬盘备份、云服务器（弹性云服务器及裸金属服务器）备份、文件系统备份和混合云备份等，混合云备份提供线下备份存储 OceanStor Dorado 阵列中的备份数据和 VMware 服务器备份的数据保护。存储库是用来存放备份的，在创建备份前，需先创建至少一个存储库并将服务器或磁盘绑定在存储库上。当需要对备份对象执行自动备份操作时，可以设置备份策略，包括备份任务执行时间、周期、备份数据保留规则等。

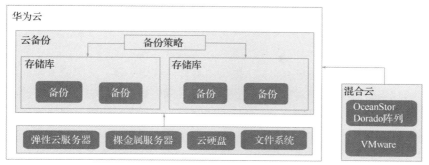

图 6-18 云备份产品架构

3. 备份机制和方式

云备份中首次备份采用的是完全备份，备份云服务器或文件系统已使用的空间，后续备份为增量备份，仅备份上次备份后变化的数据。云备份在备份过程中会自动创建快照并为每个磁盘保留最新的快照，若该磁盘已备份，再次备份时会删除旧快照并保留最新的备份。

云备份提供两种配置方式，不定期一次性备份和日常周期性备份。不定期一次性备份是用户手动执行的备份，无须做备份策略，多用于操作系统补丁安装、升级，应用升级等操作之前，以便安装或升级失败之后，能够快速恢复到变更之前的状态。日常周期性备份需要用户创建备份策略并绑定存储库，创建周期性备份，多用于资源的日常备份保护，以便发生不可预见的故障而造成数据丢失时，能够使用邻近的备份进行恢复。

另外，用户也可以根据业务情况将两种方式混合使用。图 6-19 所示为两种备份配置方式混合使用示意，根据数据的重要程度不同，可以将所有的服务器/文件系统绑定至同一个存储库，并将该存储库绑定到一个备份策略中进行日常周期性备份。其中个别保存有非常重要的数据的服务器/文件系统，根据需要执行不定期一次性备份，保证数据的安全性。同时，云备份通过服务器/文件系统与对象存储相结合，将数据备份到对象存储服务中，高度保障备份数据安全。

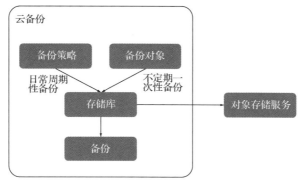

图 6-19 两种备份配置方式混合使用示意

4. 应用场景

云备份可为多种资源提供备份保护服务，最大限度保障用户数据的安全性和正确性，确保业务安全。云备份适用于数据备份和恢复的场景。

在系统受黑客攻击或病毒入侵、数据被误删、应用程序更新出错、云服务器宕机等场景下，均可通过云备份快速恢复数据，保障业务安全可靠。

6.3.3　华为云容灾服务

1. 备份与容灾

在 6.3.2 节中介绍了华为云备份服务，备份主要针对病毒入侵、人为误删除、软硬件故障等事件，用于业务系统的数据恢复，其数据备份一般是在同一数据中心进行的。备份系统只保护不同时间点版本的数据，设定一天最多 24 个不同时间点的自动备份策略。发生故障后系统恢复时间较长，可能为几小时到几十小时。为了更好地保护数据，应对火灾、地震等重大自然灾害，在容灾方案中，生产站点和容灾站点间保证一定的安全距离，保证在本地系统发生故障时，远端可以继续工作，切换时间可以降低至几分钟以保证业务的连续性。另外，容灾最高等级可以实现 RPO 为 0。

2. 存储容灾服务简介

存储容灾服务（Storage Disaster Recovery Service，SDRS）又称存储容灾，是一种为弹性云服务器、云硬盘等服务提供容灾的服务，如图 6-20 所示。它通过存储复制、数据冗余和缓存加速等多项技术，为用户提供高级别的数据可靠性和业务连续性。

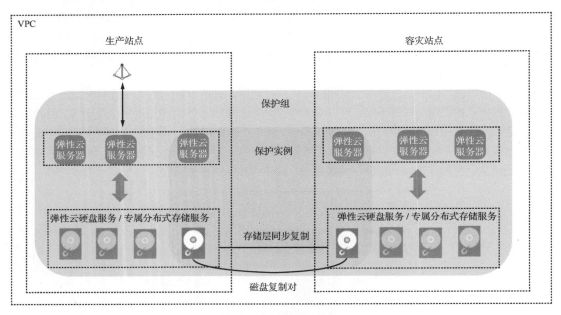

图 6-20　存储容灾服务

存储容灾服务有助于保护业务应用，将弹性云服务器的数据、配置信息复制到容灾站点，允许业务应用在所在的服务器停机期间从另外的位置启动并正常运行，从而提升业务连续性。多用于跨可用区容灾及容灾演练的场景。

3. 存储容灾服务特点

① 按需复制：可以创建从生产站点至容灾站点的副本，也可按需将服务器复制至另一个可用区。

② 低 RTO 与 RPO：RTO 小于 30min（不包括手动操作 DNS 配置、安全组配置或执行客户脚本等任何时间）。存储容灾服务为服务器提供持续且同步的复制，保证 RPO 为 0。

③ 保持崩溃一致性：基于存储的实时同步，保证数据在两个可用区中时刻保持崩溃一致性。

6.4 华为云存储服务实践

OBS 可以提供海量、安全、高可靠、低成本的数据存储能力，适用于大数据分析、静态网站托管、在线视频点播等场景。了解完理论知识后，可通过如下实践操作加深对华为云存储服务的理解。本实践的主要内容为华为 OBS 实践、华为 CBR 实践和华为 SDRS 实践。

6.4.1 华为 OBS 实践

华为对象存储服务（OBS）可以提供海量、安全、高可靠、低成本的数据存储能力，适用于大数据分析、静态网站托管、在线视频点播等场景。下面逐步介绍在使用华为 OBS 的过程中，如何进行初始化、创建桶、上传对象和下载对象。

1. 初始化

（1）登录华为云控制台。

（2）获取访问密钥。除了通过控制台访问 OBS 以外，通过其他方式访问 OBS 均需要提前获取访问密钥用以鉴权，具体步骤如下。

① 登录华为云控制台。

② 鼠标指针指向界面右上角的登录用户名，在下拉列表中选择"我的凭证"选项。

③ 在左侧导航栏选择"访问密钥"选项。

④ 单击"新增访问密钥"按钮，进入"新增访问密钥"界面。

⑤ 通过邮箱、手机或虚拟 MFA（多因素认证）进行验证，输入对应的验证码。

⑥ 单击"立即下载"按钮，下载访问密钥。

（3）获取终端节点（Endpoint）。使用 SDK、API 和 obsutil 工具时需要提前获取终端节点，在地区和终端节点界面获取 OBS 各地区的终端节点信息。

（4）下载工具并初始化。在使用工具（OBS Browser+、obsutil、obsfs）和 SDK 前，需要先下载对应工具或 SDK 源码，并进行初始化配置。

2. 创建桶

桶是 OBS 中存储对象的容器，在上传对象前需要先创建桶。OBS 提供多种使用方式，用户可以根据使用习惯、业务场景选择不同的工具来创建桶。本示例中选择通过控制台创建桶，具体步骤如下。

在华为云控制台打开服务列表，选择"存储 > 对象存储服务"选项，进入 OBS 管理控制台。

① 在 OBS 管理控制台左侧导航栏选择"桶列表"选项。

② 在界面右上角单击"创建桶"按钮，弹出图 6-21 所示的界面。

③ 根据界面提示配置桶参数。

④ 单击"立即创建"按钮。

⑤ 如果同时购买了存储包，则需要在"资源包规格确认"界面单击"去支付"按钮，完成储存包购买。

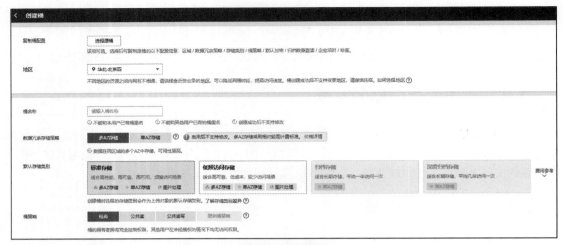

图 6-21　创建桶

3. 上传对象

桶创建成功后，可以通过多种方式将文件上传至桶，OBS 最终将这些文件以对象的形式存储在桶中。本示例中选择通过控制台上传对象，具体步骤如下。

① 在 OBS 管理控制台左侧导航栏选择"桶列表"选项，查看桶列表，如图 6-22 所示。

图 6-22　桶列表

② 在桶列表单击待操作的桶，进入"对象"界面。

③ 进入待上传的文件夹，单击"上传对象"按钮，系统弹出"上传对象"对话框，如图 6-23 所示。

④ 指定对象的存储类别。若不指定，则默认与桶的存储类别一致。

⑤ 拖曳本地文件或文件夹至"上传对象"区域框内添加待上传的文件，也可以通过单击"上传对象"区域框内的"添加文件"按钮，选择本地文件进行添加。

⑥ 选择"服务端加密"方式，可以选择"不开启加密""SSE-KMS"或"SSE-OBS"选项。

⑦ 此步骤为可选步骤，如果需要配置元数据或 WORM 保留策略，可单击"下一步：高级配置（可选）"按钮，进入高级配置界面，配置元数据或 WORM 保留策略，如图 6-24 所示。

图 6-23 "上传对象"对话框

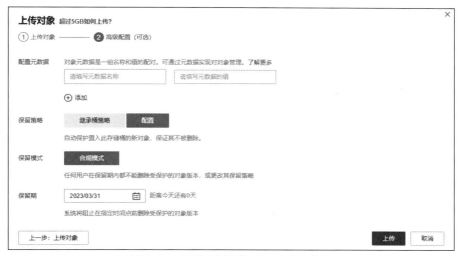

图 6-24 配置元数据或 WORM 保留策略

⑧ 单击"上传"按钮。

4. 下载对象

用户可以随时随地通过以下多种方式下载存储在 OBS 中的文件。本示例中选择通过控制台下载对象，具体步骤如下。

① 在 OBS 管理控制台左侧导航栏中选择"桶列表"选项。

② 在桶列表单击待操作的桶，进入对象下载界面。

③ 选中待下载的文件，并选择右侧的"下载"或"更多>下载为"选项，根据浏览器提示完成文件下载，如图 6-25 所示；也可以选中多个文件，并单击文件列表上方的"更多>下载"按钮。

101

图 6-25　文件下载

6.4.2　华为 CBR 实践

华为云备份（CBR）为云内的弹性云服务器、裸金属服务器、云硬盘、SFS Turbo 文件系统、云桌面、云下 VMware 虚拟化环境和本地文件目录，提供简单易用的备份服务，当发生病毒入侵、人为误删除、软硬件故障等事件时，可将数据恢复到任意备份点。下面逐步介绍如何通过华为 CBR 服务为服务器等提供备份保护。

（1）登录华为云控制台。

（2）针对不同的保护对象，在备份前需要购买不同类型的备份存储库，用于存放备份。在本示例中选择云服务器备份，购买云服务器备份存储库，具体步骤如下。

① 单击华为云控制台左上角的 ◎ 按钮，选择地区，单击 ≡ 按钮，选择"存储 > 云备份 CBR"选项，选择对应的备份目录。

② 在界面右上角选择"云服务器备份 > 购买存储库"选项，打开图 6-26 所示的界面。

图 6-26　"购买云服务器备份存储库"界面

③ 根据实际需求选择合适的计费模式。包年/包月是预付费模式，按订单的购买周期计费，适用于可预估资源使用周期的场景，价格比按需计费模式更优惠；按需计费是后付费模式，根据实际使用量进行计费，可以随时购买或删除存储库。费用直接从账户余额中扣除。

④ 根据实际需求选择合适的保护类型。若选择备份，则创建的存储库类型为云服务器备份存储库，用于存放受保护资源产生的备份副本；若选择复制（跨区域），则创建的存储库类型为云服务器备份复制存储库，用于存放云服务器备份复制操作产生的副本。选择"复制（跨区域）"选项后，不需要选择服务器。

⑤ 选择是否启用数据库备份。若选择启用，则启用后，存储库可用于存放数据库备份。通过数据库备份内存数据，能够保证应用系统一致性，如包含 MySQL 或 SAP HANA 数据库的弹性云服务器。如果数据库备份失败，系统会自动执行服务器备份，服务器备份也会存放在数据库备份存储库中。若选择不启用，则仅对绑定的服务器进行普通的服务器备份，通常用于不包含数据库的弹性云服务器。

⑥ 选择备份数据冗余策略。若选择单 AZ 备份，则备份数据仅存储在单个可用区（AZ），成本更低；若选择多 AZ 备份，则备份数据冗余存储至多个可用区（AZ），可靠性更高。

⑦ 此步骤为可选步骤，在服务器列表中勾选需要备份的服务器或磁盘，如图 6-27 所示。勾选后将在已勾选服务器列表区域展示，可以选择服务器部分磁盘绑定至存储库。

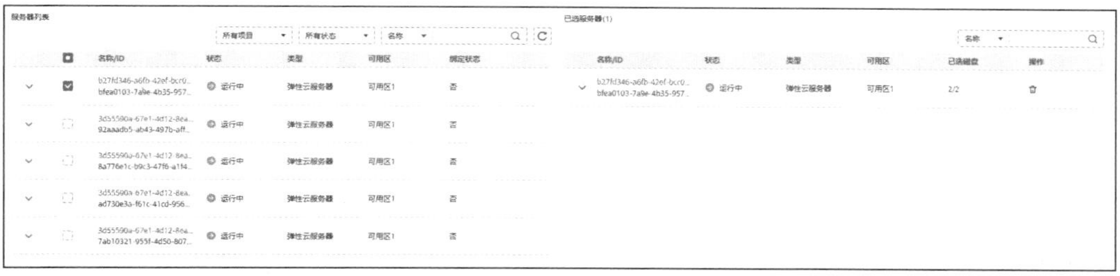

图 6-27　勾选需要备份的服务器或磁盘

⑧ 输入存储库的容量。取值范围为 10～10485760GB。需要提前规划存储库容量，存储库的容量不能小于备份服务器的大小，开启自动绑定功能和绑定备份策略后所需的容量更大。在使用过程中，未开启自动扩容的情况下存储库不会进行自动扩容。

⑨ 选择是否配置自动备份。若选择立即配置，则配置后会将存储库绑定到备份策略中，整个存储库绑定的磁盘都将按照备份策略进行自动备份。可以选择已存在的备份策略，也可以创建新的备份策略。若选择暂不配置，则存储库将不会进行自动备份。

⑩ 此步骤为可选步骤。选择是否配置自动绑定资源，若选择立即配置，则启用自动绑定功能后，存储库将在下一个备份周期自动扫描并绑定未备份的资源，并开始备份；若选择暂不配置，则未备份的资源将不会自动绑定至存储库上。还可以通过标签过滤需要绑定的资源，若设置标签，则存储库将只绑定使用指定标签标识的服务器；若不设置标签，则存储库将自动绑定所有未备份的资源。需要注意的是，此方式仅支持选择已存在的标签，若暂无标签，则需要前往对应资源界面进行添加和设置，且最多支持 5 个不同标签的组合搜索，如果输入多个标签，则不同标签之间为或的关系。

⑪ 如开通了企业项目，需要为存储库添加已有的企业项目。企业项目是一种云资源管理方式，企业项目管理提供统一的方式来管理云资源，并将资源按项目的方式进行组织和管理。在企业项目管理下，可以进行整体的资源管理，以及项目内的资源管理、成员管理，默认项目为 default。

⑫ 为存储库添加标签，此步骤为可选步骤。标签以键值对的形式表示，用于标识存储库，便于对存储库进行分类和搜索。此处的标签仅用于存储库的过滤和管理。一个存储库最多添加 10 个标签。

⑬ 完成支付。输入待创建的存储库的名称，名称只能由中文字符、英文字母、数字、下画线、中划线组成，且长度小于等于 64 个字符，如"vault-612c"。当计费模式为"包年/包月"时，需要选择购买时长，可选取的时间范围为 1 个月～5 年，可以选择是否自动续费。最后根据界面提示，单击"立即购买"按钮，完成支付，如图 6-28 所示。

图 6-28 完成支付

（3）如果在购买存储库时未绑定资源，还需要将资源绑定至存储库，具体步骤如下。

① 登录华为云控制台，单击管理控制台左上角的 ⊙ 按钮，选择地区，单击 ≡ 按钮，选择"存储 > 云备份"选项，选择对应的备份目录。

② 在任一备份界面，找到目标存储库，单击"绑定磁盘/服务器/文件系统/云桌面"按钮。

③ 在资源列表中勾选需要绑定的资源，如图 6-29 所示，勾选后资源将在已选服务器列表区域展示。

图 6-29 勾选需要绑定的资源

④ 单击"确定"按钮。在"已绑定服务器"一列可以看到绑定的服务器个数，资源已成功绑定。

（4）下载工具并初始化，具体步骤如下。

① 登录华为云控制台，单击管理控制台左上角的 ⊙ 按钮，选择地区，单击 ☰ 按钮，选择"存储 > 云备份"选项，选择对应的备份目录。

② 在云服务器备份界面，选择"存储库"选项，找到云服务器所对应的存储库。

③ 执行备份，有以下两种方式。

a. 单击"操作"列下的"执行备份"按钮。勾选绑定存储库上需要备份的服务器，勾选后将在已勾选服务器列表区域展示，如图 6-30 所示。

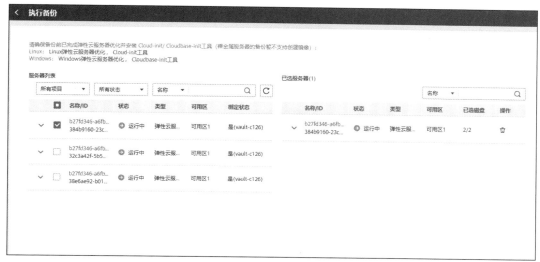

图 6-30　勾选需要备份的服务器

b. 单击目标存储库名称，进入存储库详情。在"绑定的服务器"页签，找到目标服务器。单击"操作"列下的"执行备份"按钮，进入图 6-31 所示的界面，为目标服务器进行备份。

图 6-31　执行备份

105

④ 输入备份的"名称"和"描述"。

⑤ 选择是否"执行全量备份"。勾选后，系统会为绑定的服务器执行全量备份，备份所占存储容量也会相应增加。

⑥ 单击"确定"按钮。系统会自动为服务器创建备份。在"备份副本"页签，产生的备份的"备份状态"为"可用"时，表示备份任务执行成功。

6.4.3 华为 SDRS 实践

当生产站点由于不可抗力（如火灾、地震）或设备故障（如软硬件损坏）导致应用在短时间内无法恢复时，SDRS 可提供跨可用区 RPO 为 0 的服务器级容灾保护。SDRS 采用存储层同步复制技术提供可用区间的容灾保护，满足数据崩溃一致性，当生产站点故障时，通过简单的配置，即可在容灾站点迅速恢复业务。下面逐步介绍如何配置跨可用区容灾。

（1）创建保护组，具体步骤如下。

① 登录华为云控制台。

② 打开服务列表，选择"存储 > 存储容灾服务"选项，进入"存储容灾服务"界面。

③ 单击"创建保护组"按钮，进入"创建保护组"界面，如图 6-32 所示。

图 6-32 "创建保护组"界面

④ 根据界面提示，配置保护组的基本信息。

⑤ 单击"立即申请"按钮。

⑥ 单击"返回保护组列表"按钮，返回存储容灾服务主界面，查看该保护组的状态。待主界面中出现创建的保护组且保护组的状态为"可用"时，表示创建成功。

（2）创建保护实例。除了控制台以外，通过其他方式访问 OBS 均需要提前获取访问密钥用以鉴权，创建保护实例的具体步骤如下。

① 登录华为云控制台。

② 打开服务列表，选择"存储 > 存储容灾服务"选项，进入"存储容灾服务"界面。

③ 单击待添加保护实例的保护组所在窗格中的"保护实例"按钮，进入该保护组的详情界面。

④ 单击"保护实例"页签下的"创建"按钮。进入"创建保护实例"界面，如图 6-33 所示。

图 6-33 "创建保护实例"界面

⑤ 根据界面提示，配置保护实例的基本信息。

⑥ 单击"立即申请"按钮。

⑦ 在"规格确认"界面，再次核对保护实例信息。确认无误后，单击"提交"按钮，开始添加保护实例。如果还需要修改，则单击"上一步"按钮，修改参数。

⑧ 单击"返回保护组详情"按钮，返回保护组详情界面，查看该保护组下的保护实例列表。待添加的保护实例状态变为"可用"或"保护中"时，表示创建成功。

（3）开启保护，具体步骤如下。

① 登录华为云控制台。

② 打开服务列表，选择"存储 > 存储容灾服务"选项，进入"存储容灾服务"界面。

③ 选择待开启保护的保护组所在窗格中的"开启保护"选项，打开"开启保护"对话框，如图 6-34 所示。

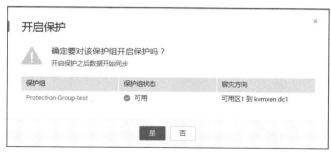

图 6-34 "开启保护"对话框

④ 在弹出的"开启保护"对话框中，确认保护组信息，单击"是"按钮，开启保护之后数据开始同步。

第7章

华为云容器服务与应用

07

学习目标

- 理解容器技术原理。
- 理解 Kubernetes 架构。
- 了解华为云容器服务。

如今，容器技术已经成为 IT 行业的主流技术。容器技术具备灵活、敏捷的特点，能缩短应用开发的周期，获得了广大软件开发者的青睐。容器技术在云计算 PaaS 平台中扮演着重要的角色。

本章主要讲解华为云容器服务与应用，介绍容器技术原理及容器编排工具。

7.1 容器技术原理

容器技术是一种操作系统级别的虚拟化技术，通过虚拟化可以实现操作系统中进程级别的资源隔离，以 Docker 为代表的容器技术已经成为云计算 PaaS 平台的一项关键技术。

Docker 诞生于 2013 年，其设计思想来源于集装箱。它使软件的交付像集装箱运输一样标准化，同时各个"集装箱"中的软件独立运行，互不影响。Docker 一经推出便迅速获得业界的热捧，统一了纷乱的云计算 PaaS 平台技术，占据了容器市场的大部分份额。2015 年，由 Docker 主导的开发容器技术标准（Open Container Initiative，OCI）组织成立，确立了业界公认的容器引擎技术的标准。

7.1.1 容器底层技术基础

容器底层技术的核心目的是实现容器在操作系统中的隔离及资源限制。当容器在操作系统中运行时，它拥有自己独立的运行环境与依赖，因此需要将使用的资源隔离起来，以避免操作系统和其他容器对其产生影响。容器底层技术通过对操作系统内核的全局资源进行封装，让容器运行时使用自己封装好的资源，不与其他操作系统应用共享。容器中通过命名空间（Namespace）实现隔离。

除隔离以外，容器在操作系统上运行时，属于操作系统中的应用程序。同时运行在操作系统中的多个容器存在资源竞争关系，需要通过某些技术手段对容器相应进程能够使用的资源进行限制，避免抢占资源的问题。资源限制用于限定容器在操作系统中所能够使用的资源上限，防止容器无限制地占用资源导致系统崩溃。容器通过使用 Cgroup 实现对资源的限制。

7.1.2　容器镜像

容器镜像是容器运行时使用的模板，其中包含了容器运行所需的应用程序及运行时所需的条件资源。容器镜像实际打包了整个操作系统的根文件系统文件，包括应用程序本身。通过对应用及其运行所需的所有依赖要素进行封装，形成容器镜像。这样可以保证本地环境和云端环境在运行容器时的高度一致。在容器运行过程中，宿主机的内核模块是不可修改的，不同的容器在同一个宿主机上运行时共享宿主机内核。

容器镜像的结构主要包括镜像层和容器层，如图 7-1 所示。

① 镜像层：只读层，每一个镜像层都可以共享。

② 容器层：可读写层，在有容器通过对应容器镜像启动时，容器层被加载到镜像层之上。

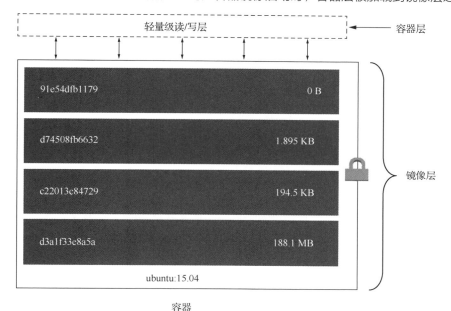

图 7-1　容器镜像分层结构

由图 7-1 可知，制作容器镜像时以增量的方式进行，制作好的镜像内部数据以镜像层的形式存在且无法进行修改。在通过镜像运行容器时，会在原有镜像的基础上添加一个可读写的容器层。使用容器查看文件的信息时，会从容器层开始到镜像层依次向下读取，直到获取对应信息。

由于镜像层提供共享功能，多个容器可以共享同一容器镜像，而各个容器独立的可写容器层又使得每个容器具有独立的数据状态。图 7-2 所示为容器的共享镜像层。

在共享镜像层的同时也会遇到一些问题，由于镜像层是只读属性的，当不同的容器需要进行数据修改时，无法直接对其进行修改。例如，容器 A 需要对镜像中已存在的文件进行删除操作，但由于只读属性无法实现。对此，容器支持写时拷贝特性，因为容器读取数据顺序为从最上层依次向下读取，通过将原有数据复制到最上层的读写层，再进行修改覆盖源数据，能够在实现不触碰已有镜像层的前提下，完成数据修改。表 7-1 所示为容器的常用操作和功能说明。

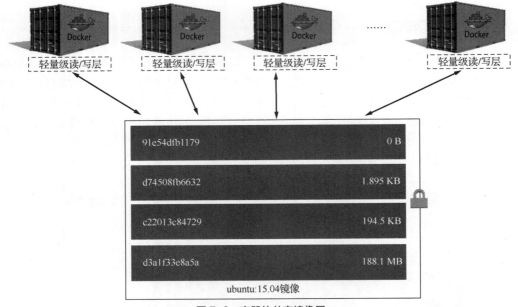

图 7-2　容器的共享镜像层

表 7-1　容器的常用操作和功能说明

常用操作	功能说明
创建文件	新文件只能被添加在容器层中
删除文件	依据容器分层结构由上往下依次查找。找到后，在容器层中记录该删除操作。 具体实现时，UnionFS 会在容器层创建一个"whiteout"文件，将被删除的文件"遮挡"起来
修改文件	依据容器分层结构由上往下依次查找。找到后，将镜像层中的数据复制到容器层进行修改，修改后的数据保存在容器层中
查看文件	依据容器分层结构由上往下依次查找

7.1.3　容器网络

容器网络用来实现不同容器之间的数据相互通信，通过安装不同的插件来满足容器间不同的通信需求，容器网络通常使用软件定义的方式对数据流量进行控制与转发。

容器网络中提供了 5 种原生的模型，用于实现容器之间的通信，其功能说明和应用场景如表 7-2 所示。

表 7-2　容器网络中 5 种原生模型的功能说明和应用场景

模型	功能说明	应用场景
无网络模型（None）	None 网络中的容器不能与外部通信	None 网络通常在安全需求较高且较为封闭的应用部署中使用，如管理密钥信息应用、密码认证数据库等
共享宿主机模型（Host）	容器加入宿主机的 Network Namespace，容器直接使用宿主机网络	Host 网络下容器与宿主机共用同一个 IP 地址，容器可以直接通过 IP 地址对外通信，性能较好。但是宿主机已占用端口对容器而言无法使用，共享同一个 Network Namespace 导致网络隔离性不好

续表

模型	功能说明	应用场景
网桥模型（Bridge）	默认网络驱动程序。主要用于多个容器在同一个 Docker 宿主机上进行通信	网桥模式可以实现多容器之间的通信，Docker 运行时默认出现一个 docker0 网桥。容器被创建时，默认挂载在 docker0 上。docker0 网桥被创建时已默认配置了子网，用户也可以根据自身需求进行子网创建
物理地址模型（Overlay）	Overlay 网络可基于 Linux 网桥和 VXlan 实现跨主机的容器通信	在容器集群构建中，用于实现容器跨主机通信
MacVLAN	MacVLAN 能够用于跨主机通信	跨主机通信场景

7.1.4 容器存储

对容器而言，容器运行时用于读写的容器层会随着容器的消失而消亡，容器层中的数据也会随之消失。那么，如何将容器运行过程中的数据持久地保存下来呢？Docker 容器中持久化数据一般采用卷和绑定挂载这两种存储方式。

（1）卷。卷（Volume）由 Docker 管理，将特定目录挂载给容器。使用卷时，Docker 会在主机上的 Docker 存储目录 Docker area（Linux 中一般存储在 /var/lib/docker/volumes/ 目录下）中创建一个新目录，Docker 会管理该目录的内容。对于拥有了卷的容器，卷的内容存在于容器的生命周期之外，删除容器后，Docker 数据卷仍然存在。

（2）绑定挂载。绑定挂载（Bind Mount）是指将宿主机上已有的目录或文件挂载到容器中，主要作用是允许将一个目录或文件挂载到一个指定的目录上。在对该挂载点进行任何操作时，修改只会发生在被挂载的目录或文件上，而原挂载点上的其他内容则会被隐藏起来且不受影响。

卷与绑定挂载在使用时都为宿主机上的目录或文件，通过将其挂载给容器来实现容器数据的持久化存储。这时卷与绑定挂载的目录都拥有独立的生命周期，不会因容器的消亡导致数据被删除。它们之间的不同点在于，卷生成的目录是由 Docker 进行管理的，而绑定挂载的目录为宿主机上存在的路径，两者对比如图 7-3 所示。

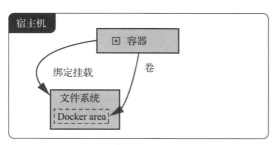

图 7-3　卷与绑定挂载的对比

在使用容器的过程中，有时需要为同一个应用场景提供多个相同的容器来保证工作的稳定性。这时多个相同容器在使用过程中需要实现数据的共享，保证同一应用数据的一致性。在容器中，通过不同的持久化存储方式存储的数据可以通过以下几种方式实现数据的共享。

（1）绑定挂载。将宿主机上的目录或文件挂载到容器中，通过挂载点将容器中的数据存储到宿主机路径中。也就是说，在容器中修改的数据都会被同步到挂载路径上，宿主机上查看到的信息与容器中的内容相同，也可以在宿主机上进行修改，实现宿主机与容器共享数据。

（2）卷。将宿主机上的数据复制到容器的卷中，可以使用 docker cp 命令在容器与主机之间复制数据，或者使用 cp 命令将需要共享的数据复制到该卷的目录下。

（3）容器卷。先通过卷或绑定挂载将数据挂载到一个容器中，其他容器再引用这个卷容器中的数据，从而实现容器之间的数据共享。

7.2 容器编排

随着容器的不断推广，越来越多的应用开发者开始使用容器进行应用开发。基于容器的应用一般会采用微服务架构。在这种架构下，应用被划分为不同的组件，并以服务的形式运行在各自的容器中，通过 API 对外提供服务。为了保证应用的高可用性，每个组件都可能会运行在多个相同的容器中。这些容器会组成集群，集群中的容器会根据业务需要被动态地创建、迁移和销毁。这样一个基于微服务架构的应用系统实际上是一个动态的可伸缩的系统。这对部署环境提出了新的要求，需要有一种高效的方法来管理容器集群，这就是容器编排引擎的工作。

7.2.1 Kubernetes 容器编排工具概览

容器编排指的是对容器的一系列定义、创建和配置等动作的管理。从技术的角度来看，容器的大规模应用需要由容器编排引擎进行统一管理调度；从商业的角度来看，用户的业务或应用最终需要部署在平台上，用户愿意付费的是具有平台层能力的工具。

Kubernetes（简称 K8S）是 Google 开源的容器集群管理系统，它构建在 Docker 技术之上，为容器化的应用提供资源调度、部署运行、服务发现、扩容缩容等一整套功能，其本质上是基于容器技术的 Micro-PaaS 平台，Kubernetes 示意如图 7-4 所示。Kubernetes 的灵感来源于 Google 内部的容器系统布谷鸟（Borg），Kubernetes 是 Google 在 Borg 系统上去除自己的业务属性后开源的产品。

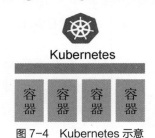

图 7-4　Kubernetes 示意

2015 年 7 月，Google、Red Hat 等牵头成立云原生计算基金会（Cloud Native Computing Foundation，CNCF），CNCF 隶属于 Linux 基金会，主要致力于云原生技术的普及和可持续发展。而 Kubernetes 是 CNCF 社区核心的开源项目，也是代码发展非常快的项目。2017 年 10 月，Docker 公司宣布，将在主打产品 Docker 企业版中内置 Kubernetes 系统，从此 Kubernetes 成为容器技术事实上的行业标准。下面将主要介绍 Kubernetes 的技术架构与核心概念。

7.2.2 Kubernetes 技术架构

1. Kubernetes 部署架构

在一个基础的 Kubernetes 集群中，需要包含一个 Master 节点和多个 Node 节点。集群中的每个节点可以部署在一台独立的物理机上，也可以部署在一台虚拟机上。图 7-5 所示为 Kubernetes 的部署架构。

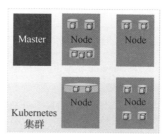

图 7-5　Kubernetes 的部署架构

（1）Master 节点。Master 节点提供集群控制功能，对容器集群做出全局性决策，如系统资源调度等。Master 节点上通常不运行用户容器。在高可用场景部署场景下，可以有多个 Master 节点。

（2）Node 节点。Node 节点是容器实际运行的场所，用户的容器都会在 Node 节点上运行。Node 节点通过接收 Master 节点下发的调度指令对容器进行控制，但是由于 Kubernetes 无法直接对容器进行操作管理，所以 Kubernetes 会将容器包装进 Pod（Kubernetes 中的基础单位）内进行管控。因此，Pod 是 Kubernetes 最小的管理单元。

2. Kubernetes 组件架构

图 7-6 所示为 Kubernetes 的组件架构，在 Master 节点及 Node 节点上分别运行着不同的组件，通过组件的配合实现 Kubernetes 集群管理的功能。

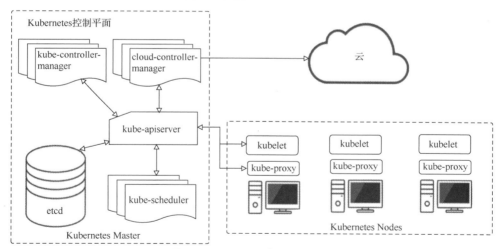

图 7-6　Kubernetes 的组件架构

下面详细介绍不同节点上组件的功能。

（1）Master 节点的组件主要具备以下功能。

① kube-apiserver：kube-apiserver 用于对外暴露 Kubernetes API，它是 Kubernetes 的前端控制层。它被设计为水平扩展的，即通过部署更多实例来实现缩放。

② etcd：etcd 用于 Kubernetes 的后端存储。所有集群数据都存储在此处，Kubernetes 管理人员始终为 Kubernetes 集群的 etcd 数据提供备份计划。

③ kube-controller-manager：kube-controller-manager 为运行控制器，是处理集群中常规任务的

后台进程。从逻辑上来讲，每个控制器是一个单独的进程，但为了降低复杂性，它们都被编译成独立的可执行文件，并在单个进程中运行。

④ kube-scheduler：kube-scheduler 用于监视没有分配节点的新创建的 Pod，帮助其选择一个供其运行的合适的节点。

（2）Node 节点的组件主要具备以下功能。

① kube-proxy：kube-proxy 用于管理 Service 的访问，包括集群内 Pod 到 Service 的访问和集群外访问 Service。

② kubelet：kubelet 是在集群内每个节点中运行的一个代理，用于保证 Pod 的运行。

③ 容器引擎：容器引擎用于创建容器，Kubernetes 只有容器编排的能力而不具备创建容器的能力，因此需要 Docker 来创建容器。当然，除了使用 Docker，还可以使用其他容器引擎，如 RKT、Kata 等。

（3）add-ons 安装拓展组件主要具备以下功能。

① Core-dns：为整个集群提供 DNS 服务。

② Dashboard：提供图形化管理界面。

③ Heapster：提供集群资源监控。

④ Flannel：为 Kubernetes 提供方便的网络服务。

7.2.3 Kubernetes 的工作负载

工作负载是指 Kubernetes 上运行的应用程序或服务的实例。在 Kubernetes 上的应用程序都需要通过工作负载来完成运行与管理，不同的工作负载提供不同的管理功能。

1. Pod

Pod 是 Kubernetes 编排的最小单位，一个 Pod 中封装了一个或多个紧耦合的应用容器，在同一个 Pod 内的容器共享数据存储和 IP 地址，其内部架构如图 7-7 所示。从生命周期来说，Pod 是短暂的而不是长久的应用。若 Pod 被调度到节点，则它会保持在这个节点上直到被销毁。

图 7-7　Pod 内部架构

针对多个容器在一个 Pod 的场景，为了能够更好地管理 Pod 的运行状态，Pod 会被分配一个名为 Pause 容器的底层基础容器。Pause 容器也被称为根容器，它的状态代表整个 Pod 的状态，在 Pod 中的应用容器出现问题不会直接影响 Pod 的状态。Pod 中多个应用容器共享 Pause 容器的网络，容器间可以通过本地主机互访。

2. Deployment

Kubernetes 需要管理大量的 Pod，对一个应用而言，它的运行不会由单独的一个 Pod 完成。比较常见的情况是使用大量的 Pod 组成一个简单应用。管理这些 Pod 的方式之一就是通过副本控制器（Replication Controller，RC）。RC 可以指定 Pod 的副本数量，当其中部分 Pod 有故障时可以自动拉起新的 Pod，大大降低管理难度。后来随着 Kubernetes 的不断更新，ReplicaSet 逐渐成为新一代的 RC，其主要功能和 RC 一样，如维持 Pod 的数量稳定、指定 Pod 的运行位置等，使用方法也相似，主要的区别是 ReplicaSet 更新了 API 以支持更多功能，例如，可以支持控制容器部分更新功能。图 7-8 所示为不同 ReplicaSet 控制器关系示意。

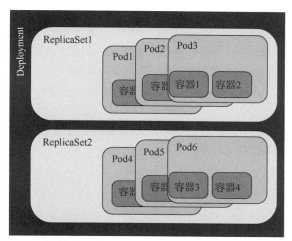

图 7-8　不同 ReplicaSet 控制器关系示意

　　不建议直接使用 ReplicaSet，而是用更上层的 Deployment 来调用 ReplicaSet，Deployment 是目前常用的控制器，可以管理一个或多个 ReplicaSet，并通过 ReplicaSet 来管理 Pod。所以从逻辑管理关系上可以看出容器 Pod<ReplicaSet<Deployment。

　　Deployment 是 Kubernetes 中常见的对象概念，Deployment 在 Kubernetes 中用于部署无状态应用（指不需要对接持久化存储，应用的多个实例之间完全没有区别），每个请求在不同的实例返回的结果都是一样的，Kubernetes 对它们的处理也是随机的。如果重启了无状态应用，由于其不需要对接持久化存储，那么应用产生的数据不会被保存下来，重新拉起新的容器不会影响应用的正常运行。

3. StatefulSet

　　StatefulSet 也是一种控制器，与 Deployment 不同的是，StatefulSet 在 Kubernetes 中用于部署有状态应用（指需要持久化存储并且需要保持状态的应用，如数据库、缓存等）。这些应用需要在不同的节点之间保持数据同步，在节点发生故障时需要能够快速恢复使用。有状态应用除数据之外，每个实例都是独立的，会区分主从实例，在进行重启操作时，每个实例的重启是有顺序的。

4. DaemonSet

　　DaemonSet 能够让加入集群的 Node 节点运行同一个 Pod。有新的节点加入 Kubernetes 集群中时，Pod 会被 DaemonSet 控制器自动调度到该节点上运行，当节点从 Kubernetes 集群中被移除时，被 DaemonSet 调度的 Pod 会被移除，如果删除 DaemonSet，则所有跟它相关的 Pod 都会被删除。DaemonSet 通常用来部署守护进程类型的应用 Pod，例如，若用户需要在 Kubernetes 每个 Node 节点上进行日志收集，此时需要在每个节点上运行日志收集应用，这时就可以使用 DaemonSet 控制器实现部署。

5. 标签与标签选择器

　　标签（Label）是附在 Kubernetes 对象上的键值对，如 Pod、Deployment 等，标签可以在创建时指定，也可以在创建后指定。标签的值本身不具备具体含义，但可以通过标签来筛选对象特定的子集，便于管理。对每个对象而言，可以同时存在多个标签。

有了标签，对 Pod 等对象的管理变得更加灵活，而如何对指定批量的同标签对象进行操作则需要通过标签选择器（Label Selector）完成。标签选择器是 Kubernetes 的核心分组方式。对 Kubernetes 而言，目前支持两种标签选择器，分别是基于等值的（Equality-Based）和基于集合的（Set-Based）。图 7-9 所示为标签和标签选择器的关系。

① 基于等值的标签选择器：允许用标签的 Key 和 Value 过滤。支持 3 种运算符，分别是 "=" "==" "!="。前两种运算符同义，代表相等；后一种代表不相等。

② 基于集合的标签选择器：允许用一组 Value 来过滤 Key。支持 3 种操作符：in、notin 和 exists（仅针对 Key 符号）。

两种标签选择器也可以混用，使得在 Kubernetes 集群通过标签选择需要的 Pod 时，方式更加多变与精确，满足各种复杂的选取场景要求。

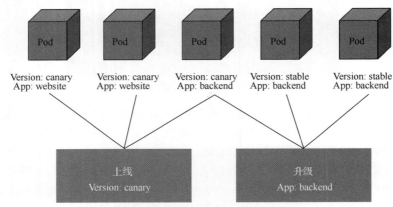

图 7-9　标签和标签选择器的关系

6. Service

Service 是 Kubernetes 中核心的资源对象之一，Service 定义了服务的访问入口地址，前端的应用 Pod 通过这个入口地址访问其后端的一组 Pod 副本集群。Service 与其后端 Pod 副本集群之间则是通过标签选择器来实现选择管理的。

Service 有以下 3 种实现类型。

① ClusterIP：提供一个集群内部的虚拟 IP 地址以供 Pod 访问，这是 Service 的默认模式。

② NodePort：在 Node 节点上打开一个端口以供外部访问。

③ Load Balancer：通过外部的负载均衡器来访问。

Service 的实现主要通过 Endpoint Controller 和 Kube-Proxy 完成。其中，Endpoint Controller 负责维护 Service 和 Pod 的对应关系，当 Pod 发生变化时，调度 Service 进行同步；Kube-Proxy 负责 Service 的实现，即实现 Kubernetes 内部从 Pod 到 Service 和外部从 NodePort 到 Service 的访问。

7. Job 与 CronJob

当在 Kubernetes 中需要批量处理短暂的一次性任务，仅执行一次，并保证处理的一个或多个 Pod 成功执行并退出时，Deployment 控制器在此场景下并不适用，这时可以使用 Job，Job 主要用于完成一次性任务工作场景。Job 模型如图 7-10 所示。

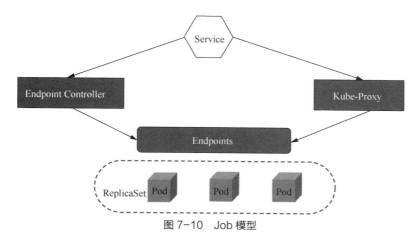

图 7-10　Job 模型

Kubernetes 支持多种 Job 执行方式，具体介绍如下。

① 非并行 Job：通常只运行一个 Pod，Pod 成功执行并退出，Job 结束。

② 固定完成次数的并行 Job：并发运行指定数量的 Pod，直到指定数量的 Pod 成功执行并退出，Job 结束。

③ 带有工作队列的并行 Job：用户可以指定并行的 Pod 数量，当任何 Pod 成功执行并退出后，不会再创建新的 Pod；一旦有一个 Pod 成功执行并退出，并且所有的 Pod 都执行并退出，该 Job 就成功结束；一旦有一个 Pod 成功执行并退出，其他 Pod 都会准备退出。

CronJob 是基于时间管理的 Job，通过对时间策略进行定义，可以实现定时或周期性执行 Job 的功能。在日常生活中，对于定期的巡检、日志收集、告警收集等工作，CronJob 的适用性都较好。

8. ConfigMap 与 Secret

ConfigMap 用于存储在 Kubernetes 中部署的应用配置数据，作用是为容器应用定义配置文件和参数，和容器的存储类似，ConfigMap 通过挂载卷的方式将配置文件传入容器中。ConfigMap 实现了 Image 和应用程序的配置文件、命令行参数和环境变量等信息的解耦。它聚焦于以下几个方面。

① 为已经部署的应用提供动态的、分布式的配置管理。

② 封装配置管理信息，简化 Kubernetes 的部署管理。

③ 为 Kubernetes 创建一个灵活的配置管理模型。

对 Secret 而言，其功能与 ConfigMap 类似，区别在于 Secret 主要用于处理敏感信息，如密码、Token、证书等，提供了一种安全和可扩展的机制。

7.2.4　其他容器编排工具

除 Kubernetes 以外，还有其他常见的容器编排工具，下面介绍其他容器编排工具。

（1）Swarm。2014 年 12 月，Docker 公司发布容器集群项目 Swarm。Swarm 使用 Docker 原生的容器管理 API 进行集群管理，可与 Docker 项目无缝集成。Swarm 通过一个入口统一管理 Docker 主机上的各种容器资源，相较于其他的容器编排工具，Swarm 的架构更加轻便，功能比较少。Swarm 也因此比较适合在小型的容器集群规模中部署使用。

（2）Mesos。Mesos 是 Mesosphere 公司的集群管理项目，具有两层调度机制（Framework+ Scheduler），可管理上万节点，具有超大规模集群管理能力。Mesos 原本是大数据资源管理项目，也能支持 PaaS 业务。

Mesos 具有以下特点。

① 支持上万节点接入的大规模集群场景。

② 支持多种应用框架。

③ 支持部署高可用。通过冗余、状态同步、故障恢复等机制，Mesos 能够在面临故障及异常情况时，保持稳定运行。

④ 支持 Docker 等主流容器。

⑤ 提供了多个流行语言的 API，包括 Python、Java 等。

⑥ 拥有自带的 Web 图形化界面，方便操作管理。

7.3 华为云容器

7.3.1 华为云容器实例

1. 华为云容器实例定义

云容器实例（Cloud Container Instance，CCI）服务提供无服务器容器（Serverless Container）引擎，能够帮助云上用户在不创建和管理服务器集群的情况下直接运行容器。

无服务器是一种架构理念，是指不用创建和管理服务器、不用担心服务器的运行状态，只需动态申请应用需要的资源，把服务器留给专门的人员管理和维护，进而专注于应用开发，提升应用开发效率、节约企业 IT 成本。传统方式使用 Kubernetes 运行容器时，首先需要创建运行容器的 Kubernetes 服务器集群，然后创建容器负载。而对于云容器实例，可以省去集群创建操作，直接创建容器负载。华为云也只为创建的容器负载收取费用。

云容器实例可以支持多个异构的 Kubernetes 集群，通过华为云底层提供的丰富的网络、存储资源提高其使用性能，云容器实例架构如图 7-11 所示。在容器引擎方面使用 Kata Container 提供虚拟机级别的安全隔离，同时结合自有硬件虚拟化加速技术，提供高性能安全容器。

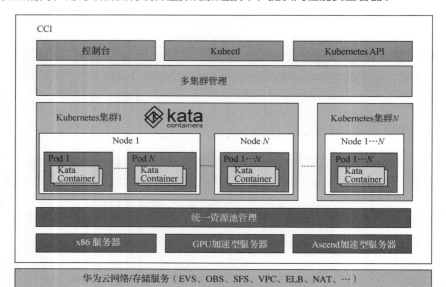

图 7-11　云容器实例架构

2. 华为云容器实例使用场景

DevOps 流程一般用于任务计算型场景，如企业持续集成/持续交付（Continuous Integration/Continuous Delivery，CI/CD）流程自动化，需要快速申请资源，申请完成后快速释放。对企业而言，构建从代码提交到应用部署的 DevOps 完整流程可以提升企业应用的版本迭代效率。容器良好的可移植性与隔离性能够很好地支持这类场景。通过容器镜像打通测试、预发、生产环境应用部署与运行，加快业务交付进程。图 7-12 所示为 DevOps 持续交付场景。

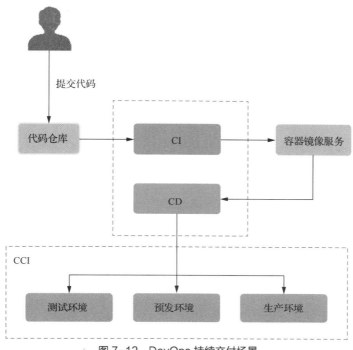

图 7-12　DevOps 持续交付场景

7.3.2　华为云容器引擎

1. 华为云容器引擎介绍

云容器引擎（Cloud Container Engine，CCE）是基于开源 Kubernetes 的云服务产品，提供高度可扩展的、高性能的企业级 Kubernetes 集群，支持运行 Docker 容器的环境。借助云容器引擎，开发者可以在华为云上轻松部署、管理和扩展容器化应用。

华为是全球首批 Kubernetes 认证服务提供商（Kubernetes Certified Service Provider，KCSP），是国内最早加入 Kubernetes 社区的厂商，是容器开源社区主要贡献者和容器生态领导者。华为 CCE 是全球首批通过 CNCF 的 Kubernetes 一致性认证的容器服务。

2. 产品架构

华为 CCE 在原生 Kubernetes 集群的架构基础上进行了自身商业化的增强，使得华为 CCE 面向企业客户业务关联性更强，更符合企业使用要求，华为 CCE 产品架构如图 7-13 所示。

3. 华为 CCE 与 Kubernetes 对比

表 7-3 所示为华为 CCE 和用户自建 Kubernetes 的对比。

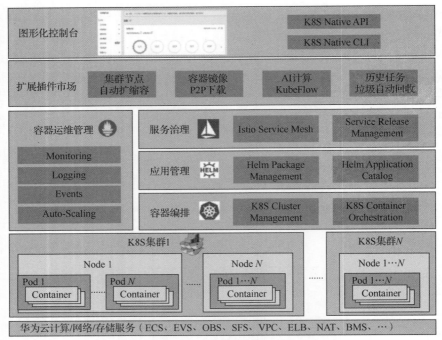

图 7-13　华为 CCE 产品架构

表 7-3　华为 CCE 和用户自建 Kubernetes 的对比

对比类	华为 CCE	用户自建 Kubernetes
易用性	通过网页一键创建 Kubernetes 集群	自行准备服务器资源，安装配置必要的软件并进行配置，工作量大、时间长
	通过向导式界面和模板创建应用，界面管理容器应用生命周期。也支持 API 和命令行操作	采用 API、命令行、脚本的方式创建应用。不直观，上手门槛高
	基于 Web 展示监控信息、详细的日志和事件。提供后台告警功能。通过用户界面设置弹性伸缩策略	自行登录服务器使用命令查看监控、日志信息，无法及时察知系统异常。通过脚本设置自动弹性伸缩策略
性能	应用创建速度、容器调度性能、网络性能都经过优化	自行创建大规模容器应用性能不稳定，网络配置容易出错，性能劣化明显
可靠性	多个 AZ 部署应用，应用跨 AZ 或者通过 ELB 实现应用高可用。管理节点高可用	需要自行实现高可用架构
	可靠性 99.99%，Docker 升级和 Kubernetes 升级不中断业务	无可靠性指标保证，升级中断业务
	支持镜像签名，保证镜像安全	需要自行实现

7.3.3　华为云容器镜像

1. 华为云容器镜像产品介绍

容器镜像服务（Software Repository for Container，SWR）是一种支持容器镜像全生命周期管理的服务，为容器镜像提供简单易用、安全可靠管理功能，帮助用户快速部署容器化服务。用户可以通过界面、Docker CLI 和原生 API 上传、下载和管理容器镜像。通过 SWR 与 CCI、CCE 配合使用，可以为 CCI 与 CCE 服务提供创建应用的容器镜像。

2. 华为云容器镜像功能介绍

（1）支持镜像全生命周期管理。容器镜像服务支持镜像的全生命周期管理，包括镜像的上传、下载、删除等。

（2）提供私有镜像仓库。容器镜像服务提供私有镜像仓库，并支持细粒度的权限管理，可以为不同用户分配对应的访问权限（如读取、编辑、管理等）。

（3）支持镜像源加速。容器镜像服务提供了镜像源加速服务，容器镜像服务智能调度全球区域节点，根据所使用的镜像地址将其自动分配至最近的主机节点进行镜像拉取。

（4）支持大规模镜像分发点对点加速。容器镜像服务使用华为自主专利的镜像下载加速技术，使用 CCE 集群下载时可确保高并发下能获得更快的下载速度。

（5）支持镜像触发器。容器镜像服务支持容器镜像版本更新自动触发部署。只需要为镜像设置一个触发器，就可以在每次镜像版本更新时，自动更新使用该镜像部署的应用。

（6）支持自动化部署。通过集成容器交付流水线 ContainerOps，支持源代码自动镜像构建、自动镜像部署、容器从代码到上线的自动化交付流水线等。

（7）支持镜像安全扫描。通过集成容器安全服务（CGS），可以对镜像进行安全扫描。

容器镜像服务的主要作用是对容器镜像进行全生命周期管理，相比私有镜像仓库而言，通过借助华为云提供的底层服务功能，容器镜像服务具有得天独厚的优势，利用容器镜像服务存储镜像更安全、更可靠。存储的容器镜像可以为华为 CCI 和 CCE 服务提供镜像支持，华为云容器镜像服务的应用场景如图 7-14 所示。

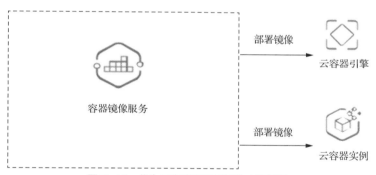

图 7-14　华为云容器镜像服务的应用场景

7.4　华为云容器实践

本节主要介绍华为云容器实践，包括容器镜像构建和基于云容器实例的应用案例。

7.4.1　容器镜像构建

容器镜像的构建通常采用两种方法实现，分别为 docker commit 命令构建和 Dockerfile 构建。

（1）docker commit 命令

可以通过 docker commit 命令将一个运行中的容器保存为镜像。具体的使用方式为利用镜像创建并运行容器，在容器中进行需要的修改，修改完成以后通过 docker commit 命令构建新的镜像。

通过 docker commit 命令对一个运行的 nginx 容器构建一个新容器镜像，添加作者信息 test，镜像取名为 nginx:v1.0，通过命令查看新创建的容器镜像信息，主要命令如下（命令行模式下执行）。

```
[root@localhost ~]# docker run --name nginx1 -d -p 80:80 nginx
[root@localhost ~]# docker commit \
 > --auther "test" \
 > nginx1 \
 > nginx:v1.0
[root@localhost ~]# docker images
```

（2）Dockerfile

Dockerfile 是一种文件指令集，用于描述如何自动创建 Docker 镜像。其中包含若干镜像构建指令，通过这些指令可以创建 dokcer image。每条指令执行后，会创建一个新的镜像层。表 7-4 所示为 Dockerfile 常用的指令、作用和命令格式。

表 7-4　Dockerfile 常用的指令、作用和命令格式

指令	作用	命令格式
FROM	指定 base 镜像	FROM <image>:<tag>
MAINTAINER	注明镜像的作者	MAINTAINER <name>
RUN	运行指定的命令	RUN <command>
ADD	将文件、目录或远程 URLs 从<src>添加到镜像文件系统中的<dest>	ADD [--chown=<user>:<group>] <src>... <dest>
COPY	将文件或目录从<src>添加到镜像文件系统中的<dest>	COPY [--chown=<user>:<group>] <src>... <dest>
ENV	设置环境变量	ENV <key> <value>
EXPOSE	指定容器中的应用监听的端口	EXPOSE <port> [<port>/<protocol>...]
USER	设置启动容器的用户	USER <user>[:<group>]
CMD	设置在容器启动时运行指定的脚本或命令	CMD command param1 param2
ENTRYPOINT	指定可执行的脚本或程序的路径	ENTRYPOINT command param1 param2
VOLUME	将文件或目录声明为卷，挂载到容器中	VOLUME ["/data"]
WORKDIR	设置镜像的当前工作目录	WORKDIR /path/to/workdir

7.4.2　基于云容器实例的应用案例

下面介绍如何通过 CCI 创建 2048 游戏的静态 Web 应用。

（1）通过 Dockerfile 构建容器镜像，具体步骤如下。

① 购买弹性云服务器，安装 Linux 操作系统后安装容器引擎。弹性云服务器和公网 IP 的规格不需要太高，例如，规格为"1vCPUs | 2GB"、公网 IP 带宽为"1 Mbit/s"，操作系统选择"CentOS 7.6"。单击"远程登录"按钮登录购买的弹性云服务器，执行如下命令快速安装最新稳定版本的容器引擎。

```
[root@localhost ~]# curl -fsSL get.docker.com -o get-docker.sh
[root@localhost ~]# sh get-docker.sh
[root@localhost ~]# sudo systemctl daemon-reload
[root@localhost ~]# sudo systemctl restart docker
```

② 执行如下命令通过 Dockerfile 方式构建容器镜像。若提示 bash: git: command not found，可执行 sudo yum install git 命令安装 git。成功构建镜像如图 7-15 所示。

```
[root@localhost ~]# docker pull nginx
[root@localhost ~]# git clone https://gitee.com/jorgensen/2048.git
[root@localhost ~]# vi Dockerfile
FROM nginx

MAINTAINER Allen.Li@gmail.com
COPY . /usr/share/nginx/html

EXPOSE 80

CMD ["nginx", "-g", "daemon off;"]
[root@localhost ~]# docker build -t='2048' .
[root@localhost ~]# docker images
```

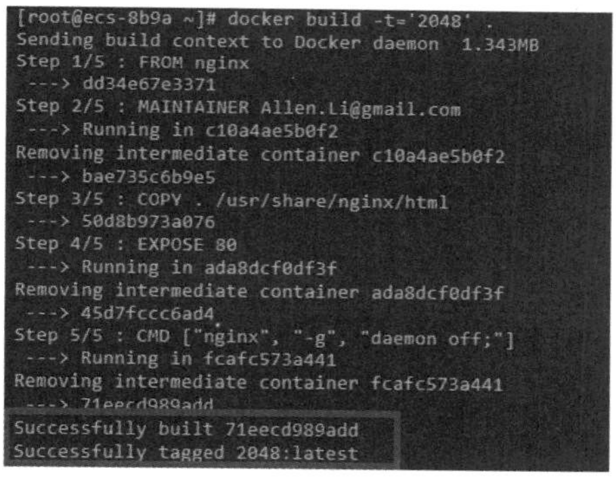

```
[root@ecs-8b9a ~]# docker build -t='2048' .
Sending build context to Docker daemon  1.343MB
Step 1/5 : FROM nginx
 ---> dd34e67e3371
Step 2/5 : MAINTAINER Allen.Li@gmail.com
 ---> Running in c10a4ae5b0f2
Removing intermediate container c10a4ae5b0f2
 ---> bae735c6b9e5
Step 3/5 : COPY . /usr/share/nginx/html
 ---> 50d8b973a076
Step 4/5 : EXPOSE 80
 ---> Running in ada8dcf0df3f
Removing intermediate container ada8dcf0df3f
 ---> 45d7fccc6ad4
Step 5/5 : CMD ["nginx", "-g", "daemon off;"]
 ---> Running in fcafc573a441
Removing intermediate container fcafc573a441
 ---> 71eecd989add
Successfully built 71eecd989add
Successfully tagged 2048:latest
```

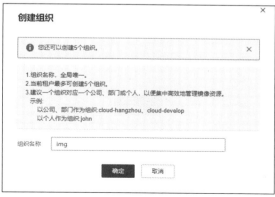

图 7-15　成功构建镜像

（2）上传容器镜像至 SWR，具体操作如下。

① 登录华为云控制台，打开服务列表，选择“容器 > 容器镜像服务 SWR”选项。

② 选择“总览”选项，单击“创建组织”按钮，创建名为“img”的组织，如图 7-16 所示。

图 7-16　创建组织

③ 选择"我的资源 > 镜像"选项,单击"客户端上传"按钮,在弹出的界面中单击"生成临时登录指令"按钮,单击 ⧉ 按钮复制登录指令,如图 7-17 所示。

图 7-17　复制登录指令

④ 在操作系统中输入登录指令。

```
[root@localhost ~]# docker login -u cn-east-2@42756RZSXK3KAJS1LX5L -p
6c50ad3a80758058b4def37f9cd7f7c80c548b15c3429c66c1b7776daba26f59
swr.cn-east-2.myhuaweicloud.com
```

⑤ 对需要上传的镜像通过 tag 命令打上标签,标签格式如下。标签信息如图 7-18 所示。

```
docker tag [镜像名称:版本名称] [镜像仓库地址]/[组织名称]/[镜像名称:版本名称]
```

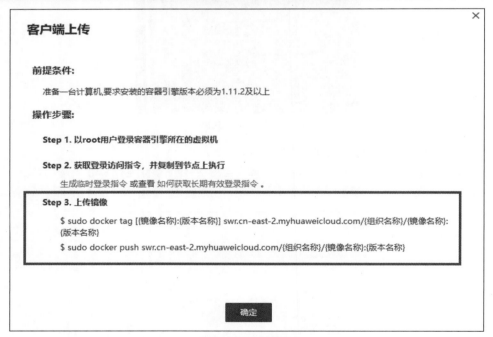

图 7-18　标签信息

在本例中,修改信息如下。

```
[root@localhost ~]# docker tag 2048:latest swr.cn-east-2.myhuaweicloud.com/
img/2048:latest
```

⑥ 上传容器镜像，具体命令如下。

```
[root@localhost ~]# docker push swr.cn-east-2.myhuaweicloud.com/img/2048:latest
```

（3）创建命名空间，具体步骤如下。

① 登录华为云控制台，打开服务列表，选择"容器服务 > 云容器实例 CCI"选项，进入云容器实例控制台。

② 选择"命名空间"选项，在右侧界面中"通用计算型"命名空间下单击"创建"按钮。

③ 填写命名空间名称、设置 VPC、设置子网网段，完成命名空间创建，如图 7-19 所示。需要关注子网的可用 IP 数，确保有足够数量的可用 IP，如果没有可用 IP，则会导致负载创建失败。

图 7-19　创建命名空间

（4）创建工作负载，具体步骤如下。

① 在云容器实例控制台选择"工作负载 > 无状态（ Deployment ）"选项，在右侧界面单击"镜像创建"按钮。

② 配置如下信息：设置负载名称为自定义，命名空间为步骤（3）创建的命名空间，Pod 数量为 1，Pod 规格保持默认，容器配置为上传的容器镜像。

③ 配置"公网访问"负载访问信息，配置服务名称为"deployment-2048"，选择 ELB 实例为"elb-b544"，选择 ELB 协议为"HTTP/HTTPS"，配置 Ingress 名称为"ingress-2048"、ELB 端口为"HTTP""8080"，如图 7-20 所示。

④ 设置负载访问端口为"80"（ 也可以选择其他端口 ），容器端口为"80"（ 容器端口必须为 80，因为 2048 镜像配置的端口为 80 ）。HTTP 路由映射路径为"/"并关联到负载访问端口，如图 7-21 所示。这样就可以通过"ELB IP 地址:端口"访问 nginx 负载。

图 7-20　配置"公网访问"负载访问信息

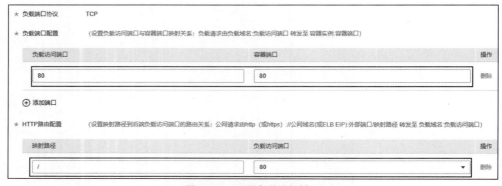

图 7-21　设置负载访问端口

⑤ 完成工作负载创建。单击"下一步"按钮，然后单击"提交"按钮，单击"返回无状态负载列表"按钮。在负载列表中，待负载状态为"运行中"，负载创建成功，如图 7-22 所示。

图 7-22　负载创建成功

（5）访问工作负载，具体步骤如下。

单击负载名称，进入负载详情界面，如图 7-23 所示。选择"访问配置 > 公网访问"选项，复制公网访问地址后，打开浏览器并在地址栏粘贴复制的公网访问地址，在浏览器中访问公网地址。

图 7-23　负载详情界面

（6）清理资源，具体步骤如下。

在左侧导航栏中选择"工作负载 > 无状态（Deployment）"选项，在无状态负载列表中单击 2048 右侧的"删除"按钮，删除工作负载。

第8章

华为云数据库服务

学习目标

- 了解传统数据库技术。
- 了解云数据库服务。
- 了解华为云数据库服务。

　　智能化时代给用户带来全新的体验，而这些体验离不开各种智能算法与数据的支持。数据作为算法的基石，起着至关重要的作用。随着互联网、大数据、人工智能等技术的蓬勃发展，结构化、非结构化和半结构化的数据层出不穷，如何进行不同种类数据的存储、集成和计算呢？这就需要通过不同类型的数据库实现。随着云计算和数据库技术的融合，云数据库技术和服务更是百花齐放，带动了云数据库相关产业的发展。

　　本章主要介绍华为云数据库服务相关的知识内容，包括传统数据库、云数据库服务，以及华为云数据库服务等。

8.1 传统数据库

　　本节主要介绍传统数据库相关的技术，包括数据库技术概念、数据、数据库、数据库管理系统、数据库系统和数据库应用。

8.1.1 数据库技术概念

　　数据库技术是应数据管理任务的需要而产生的。数据库技术是进行数据库管理的有效技术，它主要研究如何对数据进行科学、高效的管理，从而为人们提供可共享、安全、可靠的数据。

　　如图 8-1 所示，数据库技术包含 5 个相关概念，即数据、数据库、数据库管理系统、数据库系统和数据库应用，下面将分别对其进行介绍。

图 8-1　数据库技术

8.1.2 数据

数据（Data）是数据库中存储的基本对象，是用于描述事物的符号记录。描述事物的符号可以是数字，也可以是文字、图形、图像、音频、视频等，数据有多种表现形式，但它们都可以在经过数字化后存入计算机。早期的计算机系统主要用于科学计算，处理的数据是数值型数据，如整数（1、2、3、4、5……）、浮点数（3.14、100.34、−25.336……）等。现代计算机系统的数据概念是广义的，仅有数据的值并不能完全表达数据的具体内容，因此需要一个新的描述性数据来对数据进行描述。数据的描述性数据称为语义，也就是数据的含义，数据与其语义是不可分割的。如图 8-2 所示，"88"这个数据既可以是一个部门的人数，也可以是某人一门课的考试成绩，没有语义的存在，数据的含义就会变得混乱，无法具体体现一个数据。

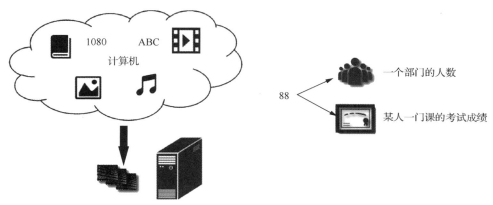

图 8-2　数据的含义

在日常生活中，人们可以直接用自然语言（如汉语）来描述事物。图 8-3 所示的记录示例中，可以这样描述某校计算机系一位同学的基本情况：2020 级计算机系的李明同学，性别为男，2000 年 6 月出生于江苏省南京市。而在计算机中可以这样描述：（李明,男,2000-06,江苏省南京市,计算机系,2020），即把学生的姓名、性别、出生年月、出生地、所在院系、入学时间等组织在一起，构成一条记录。记录是计算机中表示和存储数据的一种格式或方法。这里的学生记录就是描述学生的数据，通过这样一条记录就具体描述了一个实际的学生。这样的数据是有结构的。

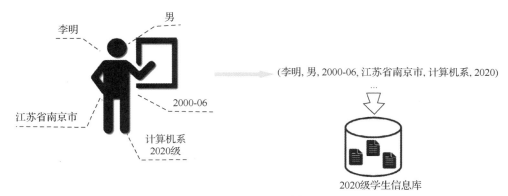

图 8-3　记录示例

8.1.3 数据库

数据库（Database），顾名思义是存放数据的仓库。严格地讲，数据库是长期储存在计算机内的有组织的、可共享的大量数据的集合。数据库中储存的数据具有以下 3 个基本特点。

（1）长期存储。数据库提供数据长期存储的可靠机制，数据一旦被存储在数据库中，就不会因为时间导致丢失，同时在系统发生故障后能够进行数据恢复，从而保证数据库中的数据完整。

（2）有组织。数据库中的数据按一定的数据模型组织、描述和存储，具有较小的冗余度（Redundancy）、较高的数据独立性（Data Independence）和易扩展性（Scalability）。

（3）可共享。数据库中的数据是可为各种用户或程序共享使用的，而不是为某个用户或程序专有的。各个用户或程序可以通过统一的数据接口访问数据库，并依据特定的协议规范获取数据。

8.1.4 数据库管理系统

数据库管理系统（Database Management System，DBMS）是一个能够科学地组织和存储数据、高效地获取和维护数据的系统软件，是位于用户与操作系统之间的数据管理软件，其主要功能如下。

（1）数据定义功能。数据库管理系统提供数据定义语言（Data Definition Language，DDL），用户通过该语言可以方便地对数据库中的数据对象的组成与结构进行定义，方便用户对数据进行管理。

（2）数据组织、存储和管理功能。数据组织是指针对不同的数据定义功能，需要确定通过何种文件结构和存取方式来组织这些数据，并实现数据之间的联系。数据存储是指针对不同的数据，应该存储哪些内容，包括但不限于数据字典信息、实际数据、用户数据、数据存储路径等。数据管理功能是指为提高数据组织和存储的空间利用率，提供多种存取方法（如索引、分区、排序等）来获取数据，并实现对数据的有效管理。

（3）数据操纵功能。数据库管理系统提供数据操纵语言（Data Manipulation Language，DML），用户可以使用该语言来操纵数据，实现对数据库的基本操作，如查询、插入、删除和修改等。该语言屏蔽了底层数据在磁盘的读取细节，让用户关注具体逻辑处理方式。

（4）数据库的事务管理和运行管理功能。数据库在建立、运行和维护时由数据库管理系统统一管理和控制，以保证事务的正确运行，保证数据的安全性、完整性、多用户对数据的并发使用及发生故障后的系统恢复等。

（5）数据库的建立和维护功能。主要包括数据库初始数据的输入和转换功能，数据库的转储、恢复功能，数据库的重组织功能和性能监视、分析功能等，通常由一些程序或管理工具完成。

（6）其他功能。为增强数据库的生态能力和适配能力，数据库管理系统一般还会有一些其他功能，包括数据库管理系统与网络中其他软件系统的通信功能，一个数据库管理系统与另一个数据库管理系统或文件系统的数据转换功能，异构数据库之间的互访和互操作功能等。

8.1.5 数据库系统

数据库系统是由数据库、数据库管理系统（及应用开发工具）、应用程序和数据库管理员（Database Administrator，DBA）等组成的存储、管理、处理和维护数据的系统。在不引起混淆的情况下，通常把数据库系统简称为数据库。图 8-4 所示为数据库系统架构，其中的应用程序、数据库管理系统、数据库和数据库管理员为数据库系统的主要模块。操作系统不属于数据库系统，它只是提供了一个数据操作协议的统一接口。数据库管理系统是一类系统软件，它和操作系统一样，是计算机系统的基础软件。

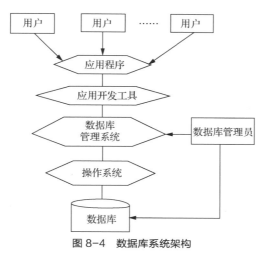

图 8-4　数据库系统架构

需要注意的是，数据库的建立、使用和维护等工作只靠一个数据库管理系统远远不够，对于某些特定操作（如扩容、升级、性能优化等），数据库管理系统目前还做不到自动化，需要由专门的人员来完成，这些人就是数据库管理员。

8.1.6　数据库应用

数据库作为一种管理数据的技术，主要用于承载数据、管理数据，并基于上层逻辑提供增删改查的数据接口，衍生出了如 MySQL、Oracle、SQL Server 等传统关系数据库产品；同时，在数据类型多样性、业务复杂性的大背景下，还衍生出了如 Redis、HBase 等非关系数据库产品。这些数据库产品各有特点，并在各自的领域中大放光彩。例如，关系数据库 MySQL 的应用在日常生活中随处可见，小到一个图书馆的管理系统（通过存储图书的摆放信息、图书的借还信息来数字化管理图书馆的书籍），大到一个电商的购物平台（存储海量商品的基本信息，用于用户查看和搜索）；非关系数据库 HBase 也常应用于数据分析领域，包括电商平台的精准营销、短视频 App 的视频推荐等，通过存储多列的方式来为用户和物品进行画像，使得推荐效果尽可能达到最优。

除数据库技术本身衍生的数据库上层应用以外，还有一类常见的应用是数据库工具应用，包括数据库管理工具和数据库迁移工具。

（1）数据库管理工具。虽然数据库本身也提供命令端用于管理数据，但这种方式对用户而言操作难度大、便捷性差，因此，各个数据库厂商都会研发对应的数据库管理工具，如 MySQL 的 Workbench；也有一些开源的集成数据库管理工具，如 DBeaver；还有一些商业版的数据库管理工具，如 Navicat Premium。这些都是便于数据库开发者或数据库管理员进行数据库管理的工具，通常提供了可视化界面操作、数据导入导出、性能监控等功能。

（2）数据库迁移工具。同构数据库（如 MySQL 与 MySQL）之间的数据是可以直接迁移使用的，只需进行适配即可，无须耗费过多的时间。但异构数据库（如 MySQL 与 Oracle）之间因语法、数据存储定义等的差异，无法直接进行数据调用，需要基于底层的 SQL 协议进行数据互通。对一个大型的系统或平台而言，数据库之间的数据交互需要通过额外编写程序实现。而数据库迁移工具（如 Kettle），刚好可以解决这类问题，实现不同数据库之间数据的迁移。

8.2 云数据库服务

随着全球互联网的发展，各行各业的数据量呈指数型增长，同时随着云大物智时代的到来，以及数据挖掘、数据分析、边缘计算等技术的日益成熟，数据的价值呈指数型增长。数据库在数据存储和数据分析应用中是不可或缺的，具有举足轻重的作用。有报告预测，全球云数据库和 DBaaS 市场规模将从 2020 年的 120 亿美元增长到 2025 年的 248 亿美元，在预测期间的复合年增长率约为 15.7%。传统的数据库，如 MySQL，不管是单台服务器部署，还是多台服务器部署，受限于服务器硬件资源的上限，往往具有存储和性能上的瓶颈，并且容灾和备份能力也是有限的。虽然通过分布式技术及数据库性能优化等手段能适当提高数据库性能，但对于大数据的处理性能仍欠佳。因此，云数据库就应运而生了。

8.2.1 云数据库服务概念及特征

首先，云数据库也是数据库，在语法使用上与传统数据库没有差异，只不过在部署方式、形态和运维方面与传统数据库不同，在操作层面上带来了全新的体验，使用起来更加便捷和高效。云数据库服务是构建在云服务模型之上的数据库解决方案，即数据库即服务（Database as a Service，DBaaS）。从归属角度上来看，DBaaS 运行在 IaaS 之上，属于 PaaS 的子类。

云数据库天然具备云的灵活性（即开即用、弹性伸缩），能够提供强大的创新能力（便捷测试、验证和实施新的业务创建）、丰富多样的产品体系（提供多种衍生的云数据库应用）、经济高效的部署方式（业务初期可以少量订购，随后自主扩容）和按需付费（按小时计费）的支付模式。对用户而言，基于 DBaaS 模式的数据库，在底层硬件（如 CPU、I/O、存储等）上，无须担心数据资源配额问题，无须提前采购或进行准备工作（都由云服务提供），上层的数据库软件（如 MySQL、Oracle、SQL Server 等）也可以自行选择。用户只需关注具体业务逻辑细节，专注于业务范畴的性能优化。此外，若数据库本身产生性能瓶颈，需要进行扩容操作时，无须担心因人为因素造成误操作，云服务提供完整的扩容方案供用户选择，操作更加便捷，风险更加可控，企业数据库上云的需求愈加迫切。

云数据库服务涵盖关系数据库服务、非关系数据库服务和数据库工具服务等，企业可根据实际数据业务进行选择，云数据库服务的分类如图 8-5 所示。

图 8-5 云数据库服务的分类

对企业而言，云数据库需要具有如下特征。

（1）弹性伸缩。数据库的存储、CPU、I/O 等数据库资源需要能够依据企业自身业务进行弹性伸缩，业务增长时应用系统自动扩容，业务下降时应用系统自动缩容。弹性伸缩的数据库服务还拥有容灾、备份、恢复、安防、监控、迁移等全面的解决方案。例如，华为云关系数据库是一种基于云计算平台的即开即用、稳定可靠、弹性伸缩、便捷管理的在线关系数据库服务。

（2）计算存储分离。数据库采用计算与存储分离架构，在高可用、备份恢复和升级扩展等方面，都会带来全新性能体验。例如，计算和存储可以独立弹性伸缩，扩缩容无须进行数据迁移，可以快速完成数据库集群的扩缩容等。

（3）具有多种存储方式。数据库系统通常是 IT 系统极为重要的系统，对存储 I/O 性能要求高。例如，在华为云关系数据库中，存储类型可以分为超高 I/O（最大吞吐量为 350Mbit/s）和 SSD 盘（本地 SSD、SSD 云盘和急速型 SSD），企业可根据实际业务选择所需的存储类型。非关系数据库 GaussDB（for Influx）具有聚合分析、时序洞察等特性，支持自动冷热分级存储，既保证"热"数据高效访问，又节约"冷"数据存储成本。存储成本降低，相同数据量下存储成本仅为关系数据库的 1/10；采用列式存储，数据更加聚集，搭配自适应压缩算法，大大提高数据压缩比，达到极致弹性。

（4）自动化运维管理。提供一套完整的自动化运维管理平台，提供零停机维护、版本滚动升级、故障自动监控、日志分析及问题修复能力，大大降低运维成本，提高开发效率。

（5）数据安全及可靠。数据库上云后，数据都存储在云服务厂商的后台，云服务厂商能够提供"7×24h"的数据库业务可靠性保证，并能保证数据不泄露，操作权限高度集中。

8.2.2 云数据库服务技术

为满足企业的核心诉求，云数据库服务在本地数据库基础上做了新的技术突破，在数据存储、数据管理等性能上，实现了很大的提升和飞跃，如存储与 SQL 计算分离、多模数据管理等。

1. 存储与 SQL 计算分离

为了应对日益增长的性能要求，传统的数据库做了集群化的处理，虽然在某种程度上提高了数据库的性能，但归根结底数据库中的各个节点的资源（CPU、内存、磁盘等）都是独立存在的。在典型的大规模并行处理（Massively Parallel Processing，MPP）架构中，数据库中的数据在导入或插入时，经过一定的分区逻辑（Hash、Replication、Random、Range 等）后分布到各个数据节点中，使得数据库在进行数据查询时，能够充分利用每一个数据节点。数据查询任务在每个节点上都是独立存在的，各自处理各自的数据，相互之间不会发生资源争抢的现象，具有很好的并行处理能力。典型 MPP 架构如图 8-6 所示。

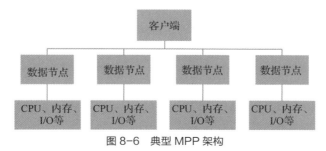

图 8-6 典型 MPP 架构

这种存储与计算高度耦合的架构一定程度上解决了数据库的性能问题，但同时也带来了新的问题。例如，在某些业务场景下需要消耗比较大的 I/O 资源及网络带宽资源，但是 CPU 资源消耗不大，主要为数据导入类任务；而另外一些场景下需要消耗比较多的 CPU 资源，对于 I/O 及网络带宽资源消耗较少，主要为复杂的查询任务。两种不同的任务对同一套数据库集群而言，难以进行有针对性的适配，针对 CPU 资源消耗大的，需要扩容 CPU，然而因存储与计算的高度耦合，在扩容 CPU 的时候，势必会扩容存储；同理，在扩容存储的时候势必会扩容 CPU，这不仅是成本与资源上的浪费，也是存储与计算耦合的主要问题。因此，在云场景下，将存储与 SQL 计算进行解耦成为时下云数据库服务必要的技术手段。通过存储与计算分离，用户能够有针对性地独立规划存储、计算规格，并受益于云原生特性，能够比较快地完成扩容、缩容操作，灵活适应某些峰值业务场景，同时也能够极大地降低成本。

这种存储与计算分离的架构是指将 SQL 解析、转换、执行计划生成、计算等模块与底层存储的硬件进行解耦。在底层存储层面，通过将存储进行分片，实现存储的弹性水平扩容；同时在计算层面，依据无状态设计的架构原则，允许计算层面通过增加计算节点的方式实现计算性能的线性提升，从而实现整体云数据库的弹性扩容操作。在这一架构中，通过将存储引擎与 SQL 计算引擎分离，可以做到二者之间松耦合、互相独立地处理任务。典型的存储与计算分离架构如图 8-7 所示，通常包含 3 个部分：存储层、网络传输层、计算层。

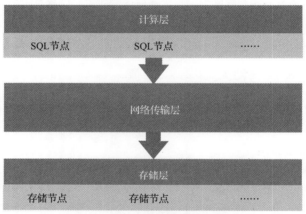

图 8-7　典型的存储与计算分离架构

在这个架构中，计算层负责接收客户端传递的 SQL 语句，进行解析、转换、生成执行计划，再将执行计划通过网络传输层传递给存储节点，存储节点负责根据执行计划读取数据并返还给计算层，根据计算层计算的结果对存储层进行相应的变更操作。

2. 多模数据管理

对于传统的数据库而言，一般在部署之后，对应的数据库版本是确定了的，如果安装了 MySQL，就是基于 MySQL 实现的数据库应用；安装了 Oracle 就需要基于 Oracle 来实现上层逻辑。对公司而言，使用的数据库过多势必会产生额外的数据一致性维护成本。在数据库上云以后，为了实现不同类型数据的融合与统一管理，需要具备多模（Multi-Model）数据库管理与存储的能力。所谓的多模，指的是一个数据库支持多种数据库存储引擎，可以满足上层应用对于结构化、半结构化、非结构化数据的统一管理需求，从而降低企业使用和运维的成本，一般来说，多模数据管理需要支持的数据存储类型如图 8-8 所示。

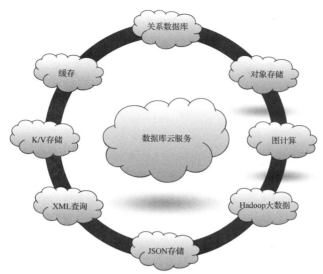

图 8-8　多模数据管理需要支持的数据存储类型

8.2.3　云数据库服务安全

云数据库服务安全主要包括两个方面，一是从云数据库自身角度出发，二是从云服务角度出发。这里以华为云关系数据库服务为例进行介绍，图 8-9 所示为华为云关系数据库的安全框架。

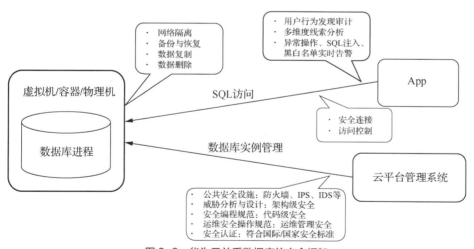

图 8-9　华为云关系数据库的安全框架

1. 从云数据库自身角度出发

云数据库具备传统数据库自身所带的全部安全措施，包括数据库用户权限管理、SSL 访问认证、账户密码策略等。此外，它还有一些新的安全防护措施，如访问控制、权限细分策略、数据管理服务（Data Admin Service，DAS）安全审计等。

（1）访问控制

数据库上云以后，连接数据库的方式从原来的本地或局域网内的 IP 连接转变为以公网 IP 的方式进行连接。此外，用户还可以通过云服务厂商进行内网连接，或者通过数据库管理服务（华为云上为 DAS）进行数据库连接。考虑到安全因素，一般推荐使用内网连接的方式进行数据库操作。

（2）权限细分策略

传统数据库在进行权限划分的时候，一般针对的对象只有数据库本身，如进行一些对表、库等的权限划分。而上云以后，除数据库本身以外，还会涉及数据库实例（承载数据库服务的对象）。需要为云用户设定针对数据库实例的操作权限，这些权限包括但不限于创建数据库实例、删除数据库实例、查询数据库实例等。通过权限细分策略的扩充，可以避免因数据库上云后，对云用户权限管理的缺漏。

（3）DAS 安全审计

华为云 DAS 是用来登录和操作华为云上数据库的 Web 服务，它可以提供数据库开发、运维、智能诊断一站式的云上数据库管理平台，进而方便用户使用和运维华为云数据库。华为云 DAS 可提供全量 SQL 洞察（审计）功能，不仅支持全量 SQL 记录的查询能力，还提供了对访问最频繁、更新最频繁的表和锁等待时间最长的 SQL 等内容的多维度分析、搜索、过滤服务，帮助用户全面对 SQL 进行洞察和审计，快速找出异常，保障云数据库稳定运行。

2. 从云服务角度出发

华为云上有许多衍生的华为云服务用于辅助云数据库服务安全，包括数据库安全服务、云审计服务、VPC 网络安全、统一身份认证服务等。

（1）数据库安全服务

数据库安全服务（Database Security Service，DBSS）是一种智能的数据库安全服务，基于机器学习机制和大数据分析技术，提供数据库安全审计、SQL 注入攻击检测、风险操作识别等功能，保障云上数据库的安全。

数据库安全审计是指通过在旁路模式下安装数据库客户端，让用户通过该客户端进行数据库操作，这个客户端可以对数据库的操作进行风险行为实时告警，并对攻击行为进行阻断；同时还可以生成数据库安全标准的合规报告，对数据库内部的违规和不正当操作进行定位追责，有效检测并阻断外部入侵，保障数据资产安全。数据库安全审计架构如图 8-10 所示。

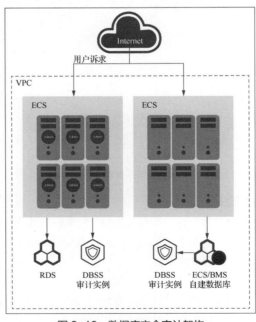

图 8-10　数据库安全审计架构

（2）云审计服务

云审计服务（Cloud Trace Service，CTS）是华为云安全解决方案中专业的日志审计服务，提供对各种云资源操作记录的收集、存储和查询功能，可用于支撑安全分析、合规审计、资源跟踪和问题定位等常见应用场景。CTS 介绍如图 8-11 所示。

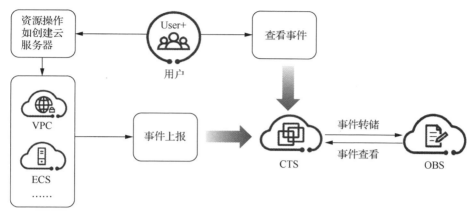

图 8-11　CTS 介绍

企业数据上云以后，为了有效地管理企业数据资源，一般通过华为云账户进行统一的操作，而 CTS 就是针对华为云账户而设立的审计服务。它可以有效地监听用户的各种针对资源的操作，识别高风险操作并记录，从而进行资源跟踪和合规审计等工作。

（3）VPC 网络安全

数据库上云后，如何避免数据库因网络攻击导致数据丢失造成数据安全隐患，是企业必须要考虑的问题。华为云服务提供了隔离的虚拟私有网络环境（VPC），用户的资源和应用与云中的其他用户是完全隔离的，安全性更高。VPC 网络环境如图 8-12 所示。

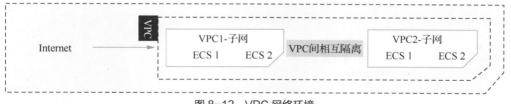

图 8-12　VPC 网络环境

（4）统一身份认证服务

数据库上云后，操作数据库的方式从直接的命令端访问变为通过云账号进行的上云操作。由于云账号是一种主要的操作数据库的方式，因此用户需要对其进行权限管控。

统一身份认证服务（Identity and Access Management，IAM）提供了适合企业级组织结构的用户账号管理服务，可为企业用户分配不同的资源及操作权限。用户通过使用访问密钥获得基于 IAM 的认证和鉴权后，以调用 API 的方式访问云资源。IAM 按层次和细粒度授权，保证同一企业租户的不同用户在使用云资源上得到有效管控，避免单个用户因为误操作等导致整个云服务的不可用，确保租户业务的持续性，IAM 账号精细化访问控制如图 8-13 所示。

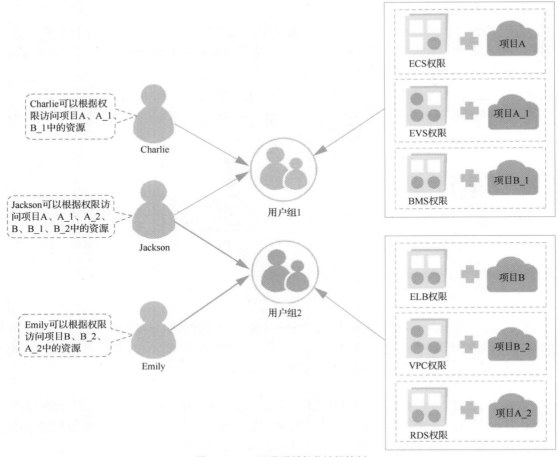

图 8-13 IAM 账号精细化访问控制

8.3 华为云数据库服务

华为芯片基于 ARM 架构重新规划云数据库，并基于华为云 ARM 服务器的深度优化，提供高质量的云数据库服务，既有云数据库的云原生能力，又有华为处理器高性能的计算能力。本节将基于 GaussDB（for openGauss）讲解华为云数据库服务的关键技术。

1. 华为芯片非统一内存访问架构优化

GaussDB（for openGauss）基于华为处理器的多核非统一内存访问（Non-Uniform Memory Access，NUMA）架构，进行一系列针对 NUMA 架构的相关优化。图 8-14 所示为华为芯片的 NUMA 架构，该架构一方面能够尽量减少跨核内存访问的时延问题，另一方面能够充分发挥华为芯片的多核算力优势，所提供的关键技术包括重做日志批插、热点数据 NUMA 分布、CLog（记录事务提交信息的数据结构）分区等，可以大幅提升系统的处理性能。同时，基于华为芯片所使用的 ARMv8.1 架构，利用 LSE（Large System Extensions）扩展指令集来实现高效的原子操作，可以有效提升 CPU 利用率，从而提升多线程间同步性能、XLog 持久化记录数据库中的变更信息写入性能等。另外，基于华为芯片提供的更宽的 L3 缓存 Cache Line，可以针对热点数据访问进行优化，有效提高缓存访问命中率，降低 Cache 缓存一致性维护开销，大幅提升系统整体的数据访问性能。

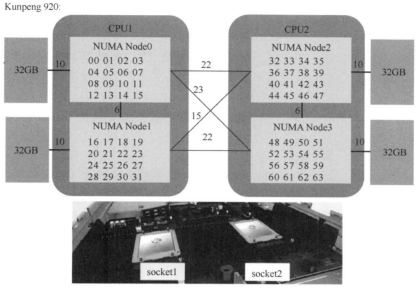

图 8-14　华为芯片的 NUMA 架构

华为芯片支持 NUMA 架构，能够很好地解决同时多线程（Simultaneous Multi-Threading，SMT）技术对 CPU 核数的制约。NUMA 架构将多个核结成一个节点（Node），每一个节点相当于一个对称多处理机，一块 CPU 的节点之间通过片上网络（On-Chip Network）通信，不同的 CPU 之间采用 Hydra Interface 实现高带宽低时延的片间通信。在 NUMA 架构下，整个内存空间在物理上是分布式的，所有这些内存的集合就是整个系统的全局内存。每个核访问内存的时间取决于内存相对于处理器的位置，访问本地内存（本节点内）会更快一些。Linux 内核从 2.5 版本开始支持 NUMA 架构，现在的操作系统也提供了丰富的工具和接口，帮助完成就近访问内存的优化和配置。因此，使用华为芯片实现的计算机系统，通过适当的性能调优，既能够获得很好的性能，又能解决对称多处理（Symmetric Multi-Processing，SMP）架构下的总线瓶颈问题，提供更强的多核扩展能力，以及更好、更灵活的计算能力。

2. SMP 并行执行技术

在复杂查询场景中，单个查询的执行时间较长，原因在于算子的执行是串行的，需要等待上一个算子执行完毕才能执行下一个算子，系统的并行度低。因此，华为云数据库服务 GaussDB（for openGauss）基于 SMP 并行执行技术实现算子级的并行，能够有效减少查询的执行时间，提升查询性能及资源利用率。

SMP 并行执行技术的整体实现思想是对于能够并行的查询算子，将数据分片并启动若干个工作线程分别计算，最后将结果汇总并返回前端。SMP 并行执行可以增加数据交互算子（Stream），实现多个工作线程之间的数据交互，以确保查询的正确性，完成整体的查询。SMP 并行执行示意如图 8-15 所示。

SMP 并行执行技术具有以下特点。

（1）SMP 并行执行是在线程级别上完成的，理论上可以使并行执行的子任务数达到物理服务器核数的上限。

（2）SMP 并行线程是在同一个进程内的，可以直接通过内存进行数据交换，不需要占用网络连接与带宽，降低了限制 MPP 系统性能提升的网络因素的影响。

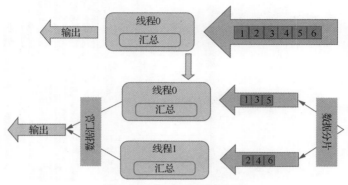

图 8-15 SMP 并行执行示意

（3）由于并行子任务启动后不需要附带其他后台工作线程，可以提高系统计算资源的有效利用率。

3. Switch Turbo 技术

GaussDB（for openGauss）提供了多种高可用方案，包括同城 AZ 内高可用、跨 AZ 高可用、异地跨区域的"两地三中心"容灾方案，满足金融级监管要求。Gauss DB（for openGauss）通过独有的 Switch Turbo 技术，保障了同城 AZ 内出现单点故障时能够快速切换，RPO 为 0，RTO 小于 10s。Switch Turbo 技术支持大并发、大数据量、以联机事务处理为主的交易型应用，并且具备 PB 级数据负载能力，通过内存分析技术满足海量数据边入库边查询要求，适用于安全、电信、金融、物联网等行业的详单查询业务。

4. 底层虚拟机动态编译技术

随着分布式并行计算、SSD、大内存等 I/O 技术的发展，以及列存储技术的普及和发展，传统数据处理引擎的瓶颈不仅在于 I/O 速度慢，而更多地表现为网络和 CPU 处理性能差。在 CPU 内存计算上，传统数据处理引擎面临着诸多短板，具体如下。

（1）条件逻辑冗余。

（2）频繁虚函数调用。

（3）数据局域化程度低。

（4）难以发挥新硬件扩展指令集性能。

这些短板制约了数据库执行性能的提升，无法构建数据库产品核心竞争力。

底层虚拟机（Low Level Virtual Machine，LLVM）技术提供了完整编译系统的中间层，它会将中间表示（Intermediate Representation，IR）从编译器取出与优化，优化后的 IR 接着被转换及链接到目标平台的汇编语言。LLVM 也可以在编译时期、链接时期，甚至是运行时期产生可重新定位的代码（Relocatable Code）。

GaussDB（for openGauss）借助 LLVM 提供的库函数，依据查询执行计划树，将原本在执行器阶段才会确定查询实际执行路径的过程提前到执行初始化阶段，从而规避原本查询执行时候伴随的函数调用、逻辑条件分支判断及大量的数据读取等问题，以达到提升查询性能的目的。

5. 行级访问控制

传统的数据库在数据库安全层面只能做到最小为表级的权限访问控制。GaussDB（for openGauss）

的行级访问控制特性将数据库访问粒度控制到数据行级别，使数据库拥有行级访问控制的能力。这使得不同用户执行相同的 SQL 查询操作，读取到的结果可能是不同的。

用户可以在数据表创建行级安全策略，该策略是指针对特定数据库用户、特定 SQL 操作生效的表达式。当数据库用户对数据表进行访问时，若 SQL 满足数据表特定的行级安全策略，则在查询优化阶段将满足条件的表达式按照属性类型，通过 AND 或 OR 方式拼接，应用到执行计划上。

行级访问控制旨在控制表中行级数据可见性，通过在数据表上预定义 Filter，在查询优化阶段将满足条件的表达式应用到执行计划上，影响最终的执行结果。当前行级访问控制支持的 SQL 语句包括 SELECT、UPDATE、DELETE 等。

6. 支持 HyperLogLog

HyperLogLog（HLL）是统计数据集中唯一值个数的高效近似算法。它有着计算速度快、节省空间的特点，不需要直接存储集合本身，而是存储一种名为 HLL 的数据结构。每当有新数据加入统计时，只需将数据经过 Hash 计算插入 HLL 中，最后根据 HLL 就可以得到结果。

HLL 在计算速度和所占存储空间上都占优势。在时间复杂度上，Sort 算法进行排序至少需要 O(nlogn)；Hash 算法和 HLL 均为扫描一次全表 O(n) 的时间就可以得出结果。在存储空间上，Sort 算法和 Hash 算法都需要先保存原始数据再进行统计，导致存储空间消耗巨大；而对 HLL 来说，它不需要保存原始数据，只需要维护 HLL 数据结构，故其占用的空间始终是 1280 字节。

GaussDB（for openGauss）采用分布式 HLL 架构。数据节点承担计算 HLL 的任务，使其结果在 CN（Coordinator Node）汇总，避免了 CN 计算瓶颈。

7. AI 能力

为更好地满足时下数据库日益增长的性能需求，GaussDB（for openGauss）提前做好规划，引入 AI 能力，打造智能数据库。GaussDB 的 AI 全景如图 8-16 所示。

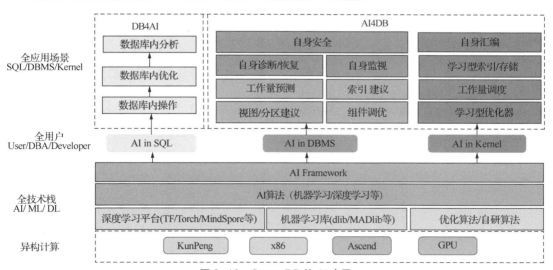

图 8-16　GaussDB 的 AI 全景

在 GaussDB 的 AI 全景图中，主要有 AI4DB 和 DB4AI 两个部分。其中 AI4DB 是指用人工智能技术优化数据库的性能，从而获得更好的执行表现，也可以通过人工智能的手段实现自治、免运维等功能。AI4DB 的应用领域主要包括自调优、自诊断、自安全、自运维、自愈等子领域。而 DB4AI 指的是打通数据库到人工智能应用的端到端流程，统一人工智能技术栈，达到开箱即用、高性能、节约成本等目的。例如，用户可以通过 SQL-Like 语句使用推荐系统、图像检索、时序预测等功能，充分发挥 Gauss 数据库高并行、列存储等优势。

8.4 华为云数据库实践

本实践使用 DRS 的实时同步功能将本地 Oracle 数据库实时迁移至华为云 GaussDB。通过全量+增量同步，实现源数据库 Oracle 和目标数据库 GaussDB 的数据长期同步。

本实践的主要操作流程如图 8-17 所示。

图 8-17　操作流程

8.4.1　创建 VPC

（1）登录华为云控制台。

（2）单击控制台左上角的 ⊙ 按钮，选择地区。

（3）单击 ☰ 按钮，在右侧选择"网络 > 虚拟私有云 VPC"选项，如图 8-18 所示。

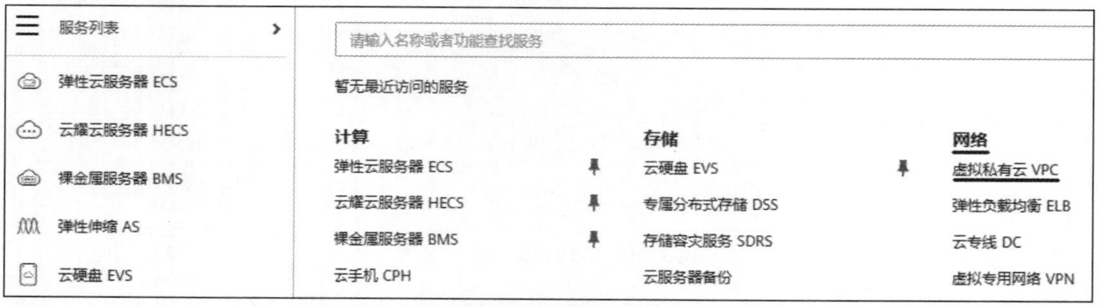

☰ 服务列表 ＞	请输入名称或者功能查找服务			
☁ 弹性云服务器 ECS	暂无最近访问的服务			
☁ 云耀云服务器 HECS	**计算**	**存储**		**网络**
☁ 裸金属服务器 BMS	弹性云服务器 ECS 📌	云硬盘 EVS	📌	虚拟私有云 VPC
🜨 弹性伸缩 AS	云耀云服务器 HECS 📌	专属分布式存储 DSS		弹性负载均衡 ELB
▤ 云硬盘 EVS	裸金属服务器 BMS 📌	存储容灾服务 SDRS	📌	云专线 DC
	云手机 CPH	云服务器备份		虚拟专用网络 VPN

图 8-18　选择"网络 > 虚拟私有云 VPC"选项

（4）进入虚拟私有云信息界面，根据界面提示填写基本信息，如图 8-19 所示。

图 8-19　虚拟私有云信息界面

（5）单击"创建虚拟私有云"按钮，购买 VPC。

（6）单击"立即创建"按钮。

（7）返回 VPC 列表，查看创建 VPC 是否创建完成。当 VPC 列表中创建的 VPC 状态为"可用"时，表示 VPC 创建完成。

8.4.2　创建安全组

（1）登录华为云控制台。

（2）单击控制台左上角的 ⊙ 按钮，选择地区。

（3）单击☰按钮，选择"网络 > 虚拟私有云 VPC"选项，进入虚拟私有云信息界面。

（4）选择"访问控制 > 安全组"选项。

（5）单击"创建安全组"按钮，进入"创建安全组"界面，如图 8-20 所示。

图 8-20　"创建安全组"界面

（6）根据界面提示，填写安全组名称等信息，单击"确定"按钮。

（7）返回安全组列表，单击安全组名称"sg-01"。

（8）选择"入方向规则"选项，单击"添加规则"按钮，如图8-21所示。

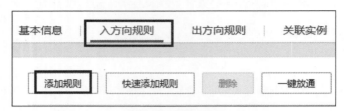

图 8-21　添加规则

（9）配置入方向规则，添加源库的 IP 地址等信息，如图 8-22 所示。

图 8-22　配置入方向规则

8.4.3　创建 GaussDB 实例

本节介绍创建 GaussDB 实例，作为迁移任务的目标数据库。

（1）登录华为云控制台。

（2）单击控制台左上角的 ◎ 按钮，选择地区。

（3）单击 ☰ 按钮，选择"数据库 > 云数据库 GaussDB"选项。

（4）在左侧导航栏选择"GaussDB > 实例管理"选项。

（5）单击"购买数据库实例"按钮。

（6）配置实例名称和实例基本信息，如图 8-23 所示。

（7）根据界面提示，配置实例规格，如图 8-24 所示。需要注意的是，本实例为测试实例，因此应选择较小的测试规格，在实际情况中，用户可选规格以界面为准。

（8）选择实例所属的 VPC（创建 VPC）和安全组（创建安全组），配置数据库端口，如图 8-25 所示。

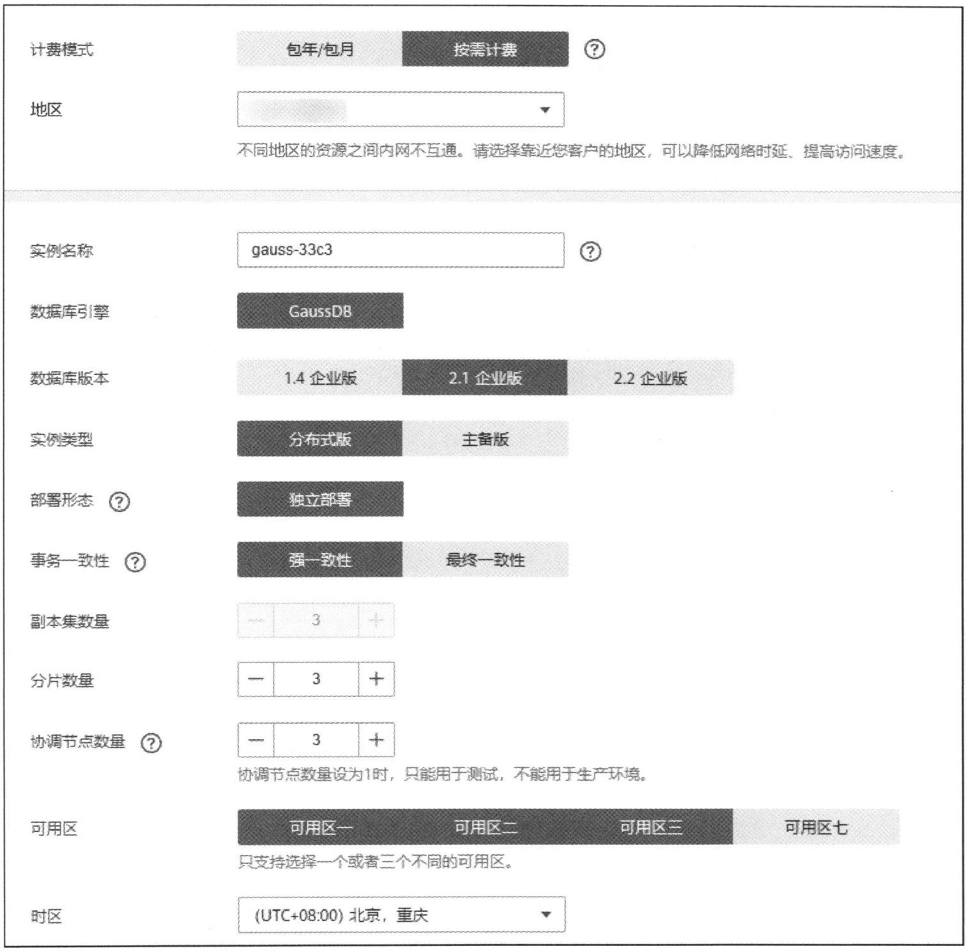

计费模式	包年/包月　　按需计费　?

地区　? ▼

不同地区的资源之间内网不互通。请选择靠近您客户的地区，可以降低网络时延、提高访问速度。

实例名称　gauss-33c3　?

数据库引擎　GaussDB

数据库版本　1.4 企业版　　2.1 企业版　　2.2 企业版

实例类型　分布式版　　主备版

部署形态　?　独立部署

事务一致性　?　强一致性　　最终一致性

副本集数量　−　3　+

分片数量　−　3　+

协调节点数量　?　−　3　+

协调节点数量设为1时，只能用于测试，不能用于生产环境。

可用区　可用区一　　可用区二　　可用区三　　可用区七

只支持选择一个或者三个不同的可用区。

时区　(UTC+08:00) 北京，重庆　▼

图 8-23　配置实例名称和实例基本信息

性能规格　?　通用增强 II 型

规格名称

◉ 2 vCPUs | 16 GB

○ 8 vCPUs | 64 GB　该规格不能用于生产环境

○ 16 vCPUs | 128 GB

当前选择实例　通用增强 II 型　2 vCPUs　16 GB

存储类型　超高IO　您可以点此了解，存储类型详情

存储空间 (GB)　480 GB　480　+　?
480　　9,950　　19,450　　28,950　　48,000

GaussDB给您提供相同大小的备份存储空间，超出部分按照OBS计费规则收取费用。

磁盘加密　不加密　　加密　?

图 8-24　配置实例规格

图 8-25   创建 VPC 和安全组

（9）配置实例密码等信息，如图 8-26 所示。

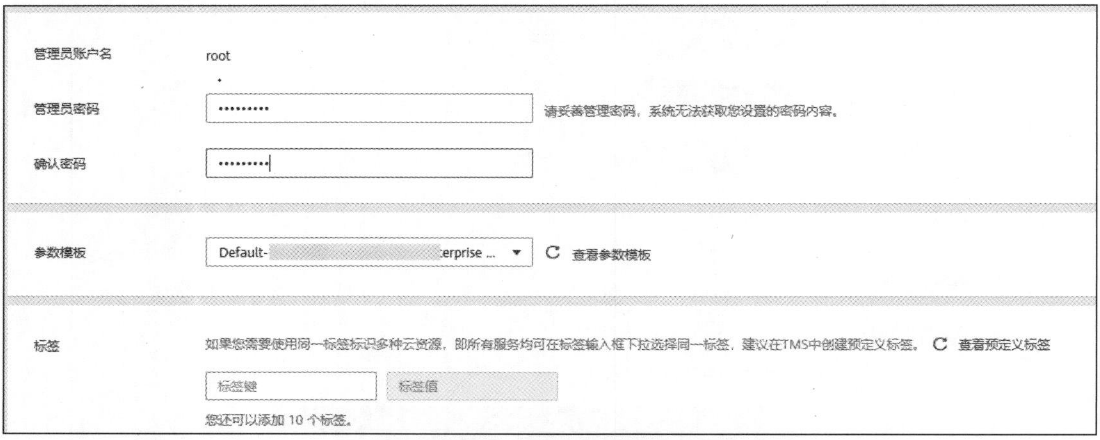

图 8-26   配置实例密码

（10）单击"立即购买"按钮，确认信息并提交。

（11）返回实例列表。当实例运行状态为"正常"时，表示实例创建完成。

8.4.4   构造迁移前数据

迁移前需要在源库构造一些数据类型，供迁移完成后验证数据使用。用户可通过执行如下步骤在源库构造数据。

（1）根据本地的 Oracle 数据库的 IP 地址，通过数据库连接工具（如 DBeaver、Navicat、SQL Developer 和 DataGrip 等）连接数据库。

（2）根据 DRS 支持的数据类型，在源库执行语句构造数据，具体步骤如下。

① 执行以下命令，创建一个用户供实践测试使用。

```
create user test_info identified by xxx;
```

其中，test_info 为本次实践创建的用户，xxx 为用户的密码，用户可根据实际情况自行替换。

② 执行以下命令，给用户赋权。

```
grant dba to test_info;
```

③ 在当前用户下创建一个数据表，具体命令及数据表元素类型如下所示。

```
CREATE TABLE test_info.DATATYPELIST(
```

```
ID INT,
COL_01_CHAR_____E CHAR(100),
COL_02_NCHAR_____E NCHAR(100),
COL_03_VARCHAR____E VARCHAR(1000),
COL_04_VARCHAR2___E VARCHAR2(1000),
COL_05_NVARCHAR2_E NVARCHAR2(1000),
COL_06_NUMBER_____E NUMBER(38,0),
COL_07_FLOAT_____E FLOAT(126),
COL_08_BFLOAT_____E BINARY_FLOAT,
COL_09_BDOUBLE____E BINARY_DOUBLE,
COL_10_DATE_____E DATE DEFAULT SYSTIMESTAMP,
COL_11_TS_____E TIMESTAMP(6),
COL_12_TSTZ_____E TIMESTAMP(6) WITH TIME ZONE,
COL_13_TSLTZ_____E TIMESTAMP(6) WITH LOCAL TIME ZONE,
COL_14_CLOB_____E CLOB DEFAULT EMPTY_CLOB(),
COL_15_BLOB_____E BLOB DEFAULT EMPTY_BLOB(),
COL_16_NCLOB_____E NCLOB DEFAULT EMPTY_CLOB(),
COL_17_RAW_____E RAW(1000),
COL_19_LONGRAW____E LONG RAW,
COL_24_ROWID_____E ROWID,
PRIMARY KEY(ID)
);
```

④ 执行以下命令，在数据表中插入两行数据。

```
insert into test_info.DATATYPELIST
values(4,'huawei','xian','shanxi','zhongguo','shijie',
666,12.321,1.123,2.123,sysdate,sysdate,sysdate,sysdate,'hw','cb','df','FF','FF
','AAAYEVAAJAAAACrAAA');
insert into test_info.DATATYPELIST values(2,'Migratetest','
test1','test2','test3','test4',
666,12.321,1.123,2.123,sysdate,sysdate,sysdate,sysdate,'hw','cb','df','FF','FF
','AAAYEVAAJAAAACrAAA');
```

⑤ 完成数据表提交，使语句生效。

（3）在目标端创建库，具体步骤如下。

① 登录华为云控制台。

② 单击控制台左上角的 ⊙ 按钮，选择地区。

③ 单击 ☰ 按钮，选择"数据库 > 数据管理服务 DAS"选项。

④ 在左侧导航栏选择"数据管理服务 DAS >开发工具"选项，进入开发工具数据库登录列表界面。

⑤ 单击"新增数据库实例登录"按钮，打开"新增数据库实例登录"窗口。

⑥ 选择"数据库引擎""数据库来源"目标实例，填写登录用户名、密码和描述信息（非必填

147

项），开启定时采集、SQL 执行记录功能。如果开启"定时采集"，则用户需要勾选"记住密码"。

⑦ 单击"测试连接"按钮测试连接是否成功。如测试连接成功，将提示"连接成功"，则用户可继续新增操作；如果测试连接失败，将提示连接失败原因，则用户需要根据提示信息进行修改。

⑧ 设置完登录信息后单击"立即新增"按钮。

⑨ 新增完成后，单击新增数据库实例对应的"登录"按钮，登录当前数据库，如图 8-27 所示。

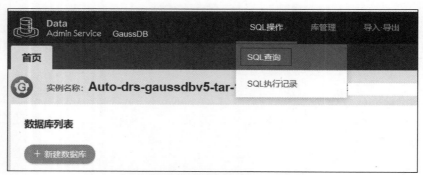

图 8-27　登录当前数据库

⑩ 进入登录的数据库界面，如图 8-28 所示，选择"SQL 操作">"SQL 查询"选项，进入 SQL 查询界面。

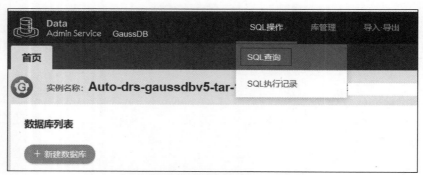

图 8-28　进入登录的数据库界面

⑪ 执行如下命令，创建兼容 Oracle 的 GaussDB 数据库。例如，创建名为 test_database_info 的数据库，用户也可根据实际情况自行选择。

```
CREATE DATABASE test_database_info DBCOMPATIBILITY 'ORA';
```

8.4.5　迁移数据库

本节创建 DRS 实例，将本地 Oracle 上的 test_info 数据库迁移到 GaussDB 实例的 test_database_info 数据库中。

（1）登录华为云控制台。

（2）单击控制台左上角的 ⊙ 按钮，选择目标实例所在的地区。

（3）单击 ☰ 按钮，选择"数据库 > 数据复制服务 DRS"选项。

（4）在左侧导航栏选择"实时同步管理"选项，进入"实时同步管理"界面，如图 8-29 所示，单击"创建同步任务"按钮。

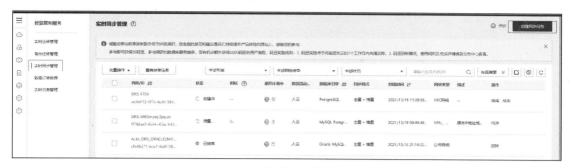

图 8-29　"实时同步管理"界面

（5）配置同步实例信息，具体步骤如下。

① 选择地区，填写任务名称，创建同步任务，如图 8-30 所示。

图 8-30　创建同步任务

② 配置同步实例信息，如图 8-31 所示。选择"数据流动方向""源数据库引擎""目标数据库引擎""网络类型""DRS 任务类型""目标数据库实例""同步实例所在子网"（非必选）"同步模式"，选择"规格类型"和"可用区"，也可以选填"标签"。

③ 单击"开始创建"按钮。

（6）配置源库及目标库信息，具体步骤如下。

① 设置源库信息，填写源库的 IP 地址、端口、用户、密码等信息。填写完成后，单击"测试连接"按钮，测试连接信息是否正确，如图 8-32 所示。

② 填写目标库的用户名和密码，如图 8-33 所示。填写完成后，单击"测试连接"按钮，测试连接信息是否正确。

图 8-31　配置同步实例信息

图 8-32　设置源库信息并测试连接

图 8-33　填写目标库的用户名和密码

③ 单击"下一步"按钮，仔细阅读提示内容后，单击"同意，并继续"按钮。

（7）设置同步，具体步骤如下。

① 在源库中选择需要迁移的数据库和表，如图 8-34 所示。本实践选择"test_info"中的"DATATYPELIST"表。

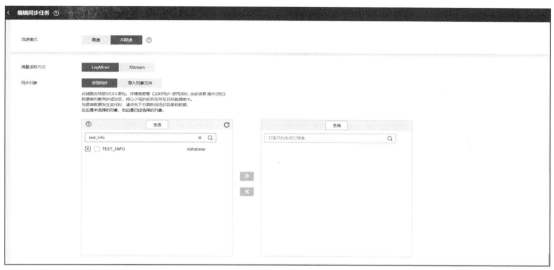

图 8-34　选择需要迁移的数据库和表

② 选择完成后，单击"编辑"按钮，可以重新为迁移后的库和表命名，如图 8-35 所示。

图 8-35　为库和表重新命名

③ 重命名表名，如图 8-36 所示。在本实践中，将表名重新命名为"DATATYPELIST_After"。注意重新命名时不要使用特殊符号，否则会导致迁移后执行 SQL 语句时报错。

④ 确认重命名设置内容，如图 8-37 所示，单击"下一步"按钮。

（8）高级设置，确认信息，如图 8-38 所示。本界面内容仅做确认，无法修改，确认完成后单击"下一步"按钮。

图 8-36　重命名表名

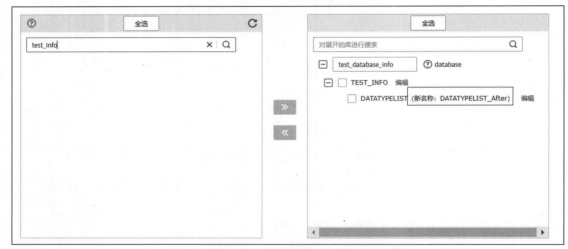

图 8-37　确认重命名设置内容

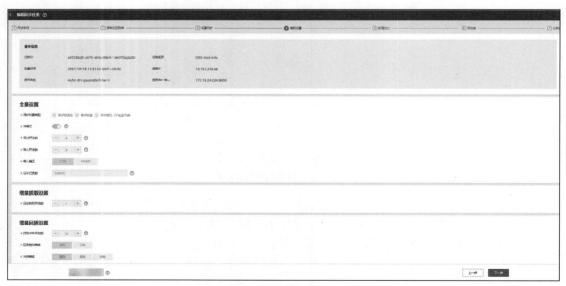

图 8-38　确认信息

（9）数据加工。在该界面可以对迁移的表进行加工，包括选择迁移的列，重新命名迁移后的列名，本实践将"COL_01_CHAR_____E"重新命名为"new-line"。具体操作步骤如下。

① 选择需要加工的表，如图 8-39 所示。

图 8-39　选择需要加工的表

② 编辑"COL_01_CHAR_____E"列，如图 8-40 所示。

图 8-40　编辑"COL_01_CHAR_____E"列

③ 将"COL_01_CHAR_____E"重新命名为"new-line",单击"确定"按钮。

④ 所有配置完成后,进行预检查,如图 8-41 所示,确保迁移成功。

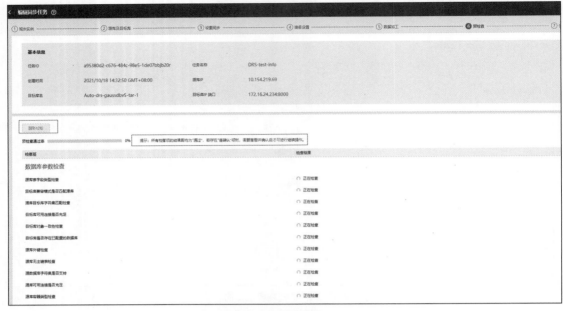

图 8-41　进行预检查

⑤ 检查所有配置项是否正确,如图 8-42 所示。

图 8-42　检查所有配置项是否正确

⑥ 单击"启动任务"按钮,仔细阅读提示后,勾选"我已阅读启动前须知"复选框。

⑦ 单击"启动任务"按钮,完成任务创建。

⑧ 任务创建成功后，返回任务列表查看创建的任务状态，如图 8-43 所示。

图 8-43　查看创建的任务状态

第9章

华为云计算综合实践

09

学习目标

- 掌握使用华为云服务自助建站的方法。
- 了解为 Web 网站配置特性的方法。
- 了解华为云服务的运维管理方法。
- 掌握通过华为云 Python SDK 对云服务进行运维、管理的方法。

华为云拥有丰富的应用场景，更好地使用华为云服务进行应用的部署与运维是至关重要的。本章介绍华为 Web 网站应用实践，以及通过工具对华为云服务进行管理和运维的方法。

9.1 华为 Web 网站应用实践

前面的章节介绍了许多华为云服务，本节设计了一个实践项目，带领读者使用华为云服务打造一个 Web 网站应用。

9.1.1 网站应用方案介绍

1. 应用场景

小型网站一般会部署在单台服务器上，用户对页面的访问、动静态内容的使用、数据库的使用和计算全部是在一台服务器上完成的。当网站业务发展到中型规模时，用户对数据库的访问量剧增，单台服务器配置已不能满足业务要求，此时，可将数据库和网站程序分开部署在不同的服务器上分担性能压力。根据我国规定，网站所使用的服务器需要进行 ICP 备案（又称域名备案），备案可由网站所在的服务器托管商完成，没有经过备案的网站域名不能被访问。

以使用华为云搭建某论坛网站为例，这种场景下的需求如下。

（1）可将数据节点与业务节点分开部署在不同的服务器上。

（2）可针对不同业务量动态调整服务器个数。

（3）可自动将流量分发到多台服务器。

（4）可进行域名注册及解析。

（5）可进行网站备案。

2. 设计方案

针对应用场景的各项需求，使用华为云搭建论坛网站的方案及所需服务如表 9-1 所示。

表 9-1　使用华为云搭建论坛网站的方案及所需服务

需求	华为云方案	服务
将数据节点与业务节点分开部署	搭建网站：购买两台弹性云服务器代替传统服务器，分别作为网站的数据节点和基础业务节点。由虚拟私有云为弹性云服务器提供网络资源。在购买服务器过程中，用户可以根据实际部署方案的要求，选择是否为云服务器挂载云硬盘作为数据盘	弹性云服务器虚拟私有云、云硬盘（可选）
针对不同业务量动态调整服务器个数	配置特性：根据业务需求和策略采用弹性伸缩，使用基础业务节点的镜像动态地调整作为业务节点的弹性云服务器实例个数，保证业务平稳、健康运行	弹性伸缩
自动将流量分发到多台服务器	配置特性：使用负载均衡将访问流量自动分发到多台业务节点弹性云服务器，扩展应用系统对外的服务能力，实现更高水平的应用程序容错性能	弹性负载均衡
在 Internet 上通过域名直接访问该网站	访问网站：为该网站注册域名，并为域名配置解析记录。注册域名后，通过 DNS 获取域名与 IP 地址的对应关系，从而查找到相应的服务器，打开网页	域名注册云解析服务

3. 逻辑架构

（1）网站搭建。参考图 9-1 所示的网站搭建方案进行网站搭建，具体步骤如下。

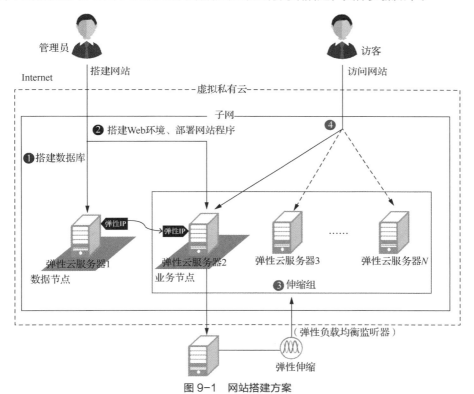

图 9-1　网站搭建方案

① 为弹性云服务器 1 绑定弹性 IP，搭建数据库。

② 先解绑弹性云服务器 1 上的弹性 IP，再将弹性 IP 绑定至弹性云服务器 2 上，搭建 Web 环境并部署网站程序。

157

③ 弹性伸缩可以根据业务量的变化,通过弹性云服务器 2 的镜像生成弹性伸缩组中的弹性云服务器。弹性伸缩组使用弹性负载均衡监听器。

④ 通过弹性负载均衡服务的公网 IP 访问网站。弹性负载均衡服务将访问流量自动分发到多台弹性云服务器。

（2）域名配置及备案。域名配置及备案的整体流程如图 9-2 所示,具体步骤如下。

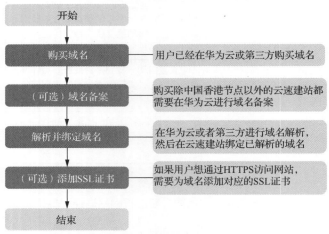

图 9-2　域名配置及备案的整体流程

① 购买域名:如果用户想要通过域名访问网站,那么用户首先需要拥有域名。用户可以在华为云或第三方购买域名。通过华为云购买域名并进行域名注册的步骤如下。

a. 在华为云控制台选择服务列表中的"域名与网站 > 域名注册 Domains"选项,进行域名注册,如图 9-3 所示。单击"注册域名"按钮,进入"域名查询"界面,输入想要注册的域名进行域名查询,如图 9-4 所示。

图 9-3　域名注册

图 9-4 "域名查询"界面

b. 查询完成后，选择合适的域名并单击"加入清单"按钮，单击右侧的"立即购买"按钮，进行域名购买，如图 9-5 所示。

图 9-5 域名购买

② 域名备案：当前法律法规规定所有网站都需要备案才能运营，备案分为网站域名备案（中华人民共和国工业和信息化部备案）和公安局备案两种。

网站域名备案的域名备案原则是服务器资源在哪里就在哪里备案。购买云速建站后，需要在华为云备案。如果域名已在第三方备案过，当前需要把此域名绑定到云速建站，依然要在华为云备案。

一些网站需要到公安局备案，由于各个地区的政策有可能不相同，在不同的公安局进行备案可能会有不同的要求。在某些地区，公安局备案需要申办人本人携带身份证去当地公安局指定网警大队进行核对、验证。

③ 解析并绑定域名：通过配置域名解析与绑定，将域名解析至云速建站，实现域名与 IP 地址的转换。云速建站支持在华为云或第三方解析域名，然后在云速建站中绑定已解析的域名。

④ 添加 SSL 证书：如果用户想通过 HTTPS 访问网站，则需要为域名添加对应的 SSL 证书。对购买的域名进行解析及备案后，用户及其他访客可以通过域名直接访问网站。

9.1.2 搭建论坛网站

Discuz!论坛是全球成熟度最高、覆盖率最大的论坛软件系统之一。Discuz!将论坛、社交、平台等功能融为一体，能够实现一站式服务。

1. 云服务购买

搭建论坛网站需要的云服务资源如图 9-6 所示，步骤依次为：创建虚拟私有云、申请弹性 IP、创建安全组并添加规则、购买华为弹性云服务器，以及购买域名。

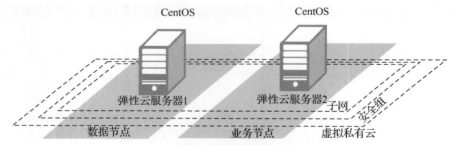

图 9-6　搭建论坛网站需要的云服务资源

2. 搭建流程

搭建论坛网站的流程如图 9-7 所示。

图 9-7　搭建论坛网站的流程

3. 搭建数据库

（1）安装 MySQL，具体步骤如下。

① 远程登录云服务器 discuz01。

② 执行以下命令，安装 MySQL 数据库服务器、MySQL 客户端和 MySQL 开发所需的库及包含文件。

```
yum install -y mysql-server mysql mysql-devel
```

（2）配置 MySQL，具体步骤如下。

① 执行以下命令，启动 MySQL 服务。

```
service mysqld start
```

② 执行以下命令，设置数据库管理员账号密码。密码由用户自定义，此处将密码设置为"Huawei@123"。

```
mysqladmin -u root password 'Huawei@123'
```

③ 执行以下命令，再根据提示输入数据库管理员 root 账号的密码进入数据库。

```
mysql -u root -p
```

④ 执行以下命令，使用 MySQL 数据库。

```
use mysql
```

⑤ 执行以下命令，查看用户列表。

```
select host,user from user;
```

注意：此命令及以下数据库语句均以分号结尾。

⑥ 执行以下命令，刷新用户列表并允许所有 IP 对数据库进行访问。

```
update user set host='%' where user='root' LIMIT 1;
```

⑦ 执行以下命令，强制刷新权限，同一子网中设置为允许访问的云服务器通过私有 IP 对 MySQL 数据库进行访问。

```
flush privileges;
```

⑧ 执行以下命令，退出数据库。

```
quit;
```

⑨ 执行以下命令，重启 MySQL 服务。

```
service mysqld restart;
```

⑩ 执行以下命令，设置开机自动启动 MySQL 服务。

```
chkconfig mysqld on;
```

⑪ 执行以下命令，关闭防火墙。

```
service iptables stop;
```

⑫ 执行以下命令，设置服务器重启后永久关闭防火墙。

```
chkconfig iptables off;
```

4. 搭建 Web 环境

搭建 Web 环境示意如图 9-8 所示。

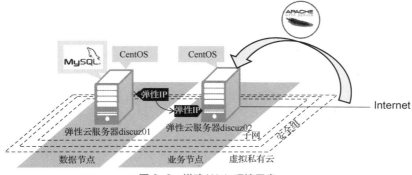

图 9-8　搭建 Web 环境示意

（1）安装 Web 环境，具体步骤如下。

① 将弹性 IP 从弹性云服务器 discuz01 上解绑，并绑定至弹性云服务器 discuz02 上，云服务器解绑操作步骤如图 9-9～图 9-12 所示。

图 9-9　云服务器解绑操作步骤 a

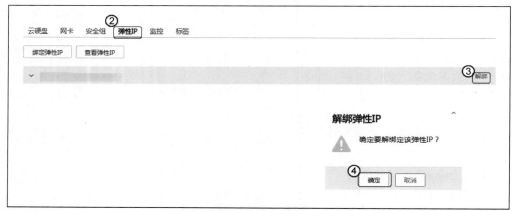

图 9-10　云服务器解绑操作步骤 b

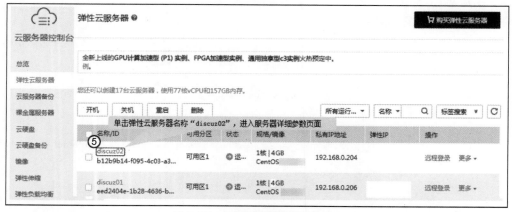

图 9-11　云服务器解绑操作步骤 c

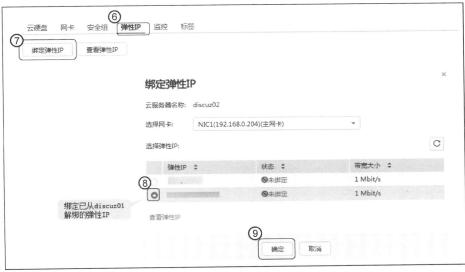

图 9-12　云服务器解绑操作步骤 d

② 远程登录云服务器 discuz02。

③ 执行以下命令，安装 Apache 服务器、PHPFastCGI 管理器、MySQL 客户端和 MySQL 数据库服务器。

```
yum install -y httpd php php-fpm mysql mysql-server php-mysql
```

④ 执行以下命令，更新 Apache 服务器、PHPFastCGI 管理器、MySQL 客户端和 MySQL 数据库服务器。

```
yum reinstall -y httpd php php-fpm mysql mysql-server php-mysql
```

（2）配置 Web 环境

① 执行以下命令，启动 httpd 服务。

```
service httpd start
```

② 执行以下命令，设置开机自动启动 httpd 服务。

```
chkconfig httpd on
```

③ 执行以下命令，启动 php-fpm 服务。

```
service php-fpm start
```

④ 执行以下命令，设置开机自动启动 php-fpm 服务。

```
chkconfig php-fpm on
```

⑤ 执行以下命令，关闭防火墙。

```
service iptables stop
```

⑥ 执行以下命令，设置服务器重启后永久关闭防火墙。

```
chkconfig iptables off
```

⑦ 执行以下命令，启动 MySQL 服务。

```
service mysqld start
```

⑧ 执行以下命令，设置开机自动启动 MySQL 服务。

```
chkconfig mysqld on
```

⑨ 在浏览器地址栏中输入"http://弹性 IP 地址"并按回车键，访问服务器的默认主页。

5. 部署网站代码

部署网站代码的具体步骤如下。

① 远程登录云服务器 discuz02,下载 Discuz!软件。

② 解压 Discuz!安装包。

③ 执行以下命令,将解压后的"upload"文件夹下的所有文件复制到"var/www/html"路径下。

```
cp -r upload/* /var/www/html
```

④ 执行以下命令,将写权限赋予其他用户。

```
chmod -R 777 /var/www/html
```

⑤ 在浏览器地址栏里输入"http://弹性 IP 地址"并按回车键,进入"安装向导"界面,如图 9-13 所示,按照 Discuz!安装向导进行安装。

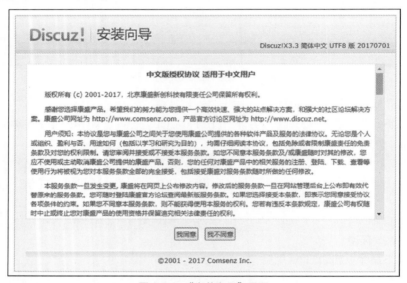

图 9-13 "安装向导"界面

6. 验证搭建结果

在浏览器地址栏中输入"http://弹性 IP 地址/forum.php"并按回车键,可登录 Discuz!主页则说明网站搭建成功,Discuz!主页如图 9-14 所示。

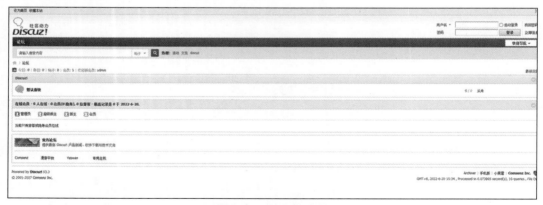

图 9-14 Discuz!主页

9.1.3 配置特性

用户对论坛的访问可分为高峰期和平峰期，若论坛采用多服务器部署模式且满足高峰期的负载需求，那么平峰期必有部分服务器处于闲置状态，增加了不必要的成本，也造成了资源浪费。

弹性伸缩可帮助解决以上问题。当在论坛的服务器系统中应用弹性伸缩后，系统可以根据设定的策略，自动地增加或减少服务器的数量，在保证网站正常运转的同时节约成本。下面介绍如何使用弹性伸缩服务搭建一个可自动增加或减少弹性云服务器数量的 Web 服务。

（1）释放弹性 IP。用户所能使用的弹性 IP 数目默认为一个，如果需要扩大弹性 IP 的配额，则需要另外申请。使用弹性负载均衡功能时，系统会自动分配一个公网 IP，该公网 IP 属于弹性 IP。为了避免出现弹性 IP 配额不足的情况，用户可以先释放弹性 IP 再申请弹性负载均衡服务。

（2）创建弹性负载均衡。

（3）配置弹性负载均衡。

（4）制作镜像。

（5）配置弹性伸缩，具体步骤如下。

① 创建弹性伸缩组及伸缩配置。

② 为弹性伸缩组配置策略。

③ 增加伸缩实例。

④ 修改伸缩组。

（6）验证配置结果，具体步骤如下。

① 获取弹性负载均衡服务的弹性 IP 地址。

② 在浏览器地址栏中输入"http://弹性 IP 地址/forum.php"并按回车键，可以访问网站则说明网站的特性配置成功。

9.1.4 访问网站

图 9-15 所示为访问网站示意，访客可以在 Internet 上通过已备案的域名访问网站。

图 9-15 访问网站示意

9.2 华为云服务运维管理实践

IT 运维是指企业 IT 部门采用相关的方法、手段、技术、制度等，对 IT 软硬件运行环境、IT 业务系统和 IT 运维人员进行的综合管理。云服务运维是其中的典型代表。

9.2.1　云服务运维管理概述

随着企业 IT 信息化的不断深入，企业对 IT 系统的依赖程度与日俱增。企业各种 IT 系统成为企业业务的助推器，提升了企业业务的管理效率。但是随着企业愈发离不开 IT 系统，如何保障 IT 系统高效、稳定、持续，甚至"7×24h"不间断地提供服务，成为企业中各级 IT 人员急需解决的关键问题。

传统的 IT 运维是指等到 IT 系统出现故障后，再由运维人员采取相应的补救措施。这种被动的、孤立的 IT 运维管理模式往往使 IT 部门疲惫不堪，主要表现在以下 3 个方面。

① 运维人员被动、效率低。

② 缺乏有效的 IT 运维机制。

③ 缺乏高效的 IT 运维工具。

自动化运维的价值在于将运维与烦琐、日常、易发生事故的工作分离，实现更有价值的业务运维，其最终目标是摆脱所有人力的干预，实现运维服务便捷化。

云服务的运维管理方式可大致分为以下 4 种，其中除方式①以外，其余都可以被用于实现运维自动化或半自动化。

① 直接登录云平台的管控界面，如在华为云控制台手动创建云服务资源并管理。

② 云平台提供各类云服务的 API，用户可以通过调用接口的工具对云服务进行管理，如调用华为云的 API Explorer 工具。

③ 云平台提供多种 SDK，把云服务的操作拆解成多个 API，供使用厂商通过代码进行调用。

④ 使用 Terraform、Ansible 等专业的云运维管理工具。

本节主要介绍方式③下华为云服务的运维管理。

9.2.2　华为云 Python SDK 获取和安装

安装华为云 Python SDK 核心库及其他相关服务库，可以使用 pip 或源码进行安装，具体步骤如下。

① 安装核心库：在 Windows 终端中执行如下命令安装核心库。

```
pip install huaweicloudsdkcore
```

② 安装 VPC 服务库：在 Windows 终端中执行如下命令安装 VPC 服务库。

```
pip install huaweicloudsdkvpc
```

③ 安装 ECS 服务库：在 Windows 终端中执行如下命令安装 ECS 服务库。

```
pip install huaweicloudsdkecs
```

④ 安装 EVS 服务库：在 Windows 终端中执行如下命令安装 EVS 服务库。

```
pip install huaweicloudsdkevs
```

除了使用 pip 安装，也可以使用源码安装。下载华为云 Python SDK 源码并解压，执行如下命令安装华为云 Python SDK 核心库和相关服务库。

```
# 安装核心库
cd .\huaweicloud-sdk-python-v3-master\huaweicloud-sdk-core\huaweicloudsdkcore
python setup.py install
# 安装 VPC 服务库
```

```
cd ..\..\huaweicloud-sdk-vpc\huaweicloudsdkvpc
python setup.py install
# 安装 ECS 服务库
cd ..\..\huaweicloud-sdk-ecs\huaweicloudsdkecs
python setup.py install
# 安装 EVS 服务库
cd ..\..\huaweicloud-sdk-evs\huaweicloudsdkevs
python setup.py install
```

9.2.3　华为云 SDK 在 Python Console 中的使用示例

使用 Python Console 同步查询特定 Region 下的 VPC 列表。

（1）进入 Python Console。在 Windows 终端中输入"python"并执行，进入 Python Console，如图 9-16 所示。

图 9-16　进入 Python Console

执行如下命令进行测试。

```
print("hello world")
```

回显如图 9-17 所示。

```
>>>~print("hello world")
hello world
```

图 9-17　回显

（2）导入依赖模块。在 Python Console 中执行如下命令导入依赖模块。

```
# 导入核心库依赖模块
from huaweicloudsdkcore.auth.credentials import BasicCredentials
from huaweicloudsdkcore.exceptions import exceptions
from huaweicloudsdkcore.http.http_config import HttpConfig
# 导入 VPC 服务库依赖模块
from huaweicloudsdkvpc.v2 import *
```

（3）配置客户端属性，具体步骤如下。

① 使用默认配置。配置客户端属性时，可以使用默认配置或代理配置，执行如下命令使用默认配置。

```
config = HttpConfig.get_default_config()
```

② 代理配置（可选）。输入并按实际情况修改如下代码以使用代理配置。

```
config.proxy_protocol = 'http'
config.proxy_host = 'proxy.huaweicloud.com'
```

```
config.proxy_port = 80
config.proxy_user = 'username'
config.proxy_password = 'password'
```

③ 连接配置。配置连接超时时，支持统一指定超时时长 timeout=timeout，或者分别指定超时时长 timeout=(connect timeout,read timeout)，执行如下命令统一指定超时时长。

```
config.timeout = 3
```

④ SSL 配置。执行如下命令配置跳过服务端证书验证。

```
config.ignore_ssl_verification = True
```

⑤ 配置服务器端证书授权（Certificate Authority，CA）（可选）。该证书用于 SDK 验证服务端证书合法性，可执行如下命令进行证书授权。

```
config.ssl_ca_cert = ssl_ca_cert
```

（4）输入认证信息，输入并修改如下代码以输入认证信息。

```
ak = "{your ak string}"
sk = "{your sk string}"
endpoint = "{your endpoint}"
project_id = "{your project id}"
```

其中，sk、ak 分别指华为云账号 Secret Access Key、华为云账号 Access Key。可通过如下步骤获取 ak 和 sk。

① 在华为云控制台"我的凭证-访问密钥"界面单击"新增访问密钥"按钮即可访问密钥，如图 9-18 所示，控制台会自动下载 credentials.csv 文件，打开文件即可找到 ak、sk 密钥。

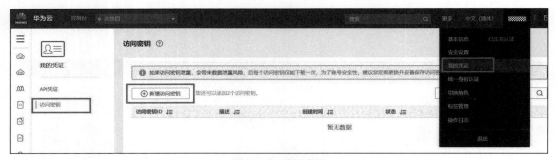

图 9-18　访问密钥

② 查看地区和终端节点（华为云各服务应用地区和各服务的终端节点），根据所需要使用的云服务和云服务所在的地区查找到对应的终端节点，如图 9-19 所示。若需要使用北京四的 VPC 服务，查找到对应的终端节点为 vpc.cn-north-4.myhuaweicloud.com，协议类型为 HTTPS，则 endpoint = https://vpc.cn-north-4.myhuaweicloud.com。

③ 在华为云控制台"我的凭证-API 凭证"界面找到"项目列表"，根据所需要使用的云服务所在的地区查找到对应的"项目 ID"，如图 9-20 所示。

需要注意以下 3 点。第一，非全局服务仅需要提供项目 ID，domainid 无须提供；第二，全局服务项目 IP 必须为 null，domainid 应按照实际情况填写；第三，全局服务当前仅支持 IAM。

（5）初始化认证信息。执行如下命令初始化认证信息。

```
credentials = BasicCredentials(ak, sk, project_id)
```

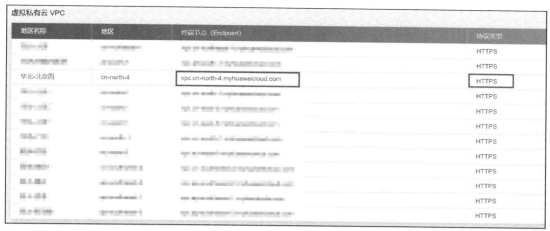

图 9-19 终端节点

图 9-20 找到对应的"项目 ID"

（6）初始化客户端。输入并修改如下代码初始化客户端。如果使用 VPC 服务，则使用 VPC 服务依赖模块 huaweicloudsdkvpc.v2 中的 VpcClient 类（Class）依次创建新客户端，添加网络配置，添加认证信息，添加终端节点，初始化客户端。

```
client = VpcClient.new_builder(VpcClient) \
    .with_http_config(config) \
    .with_credentials(credentials) \
    .with_endpoint(endpoint) \
    .build()
```

如需输出日志可以添加如下代码（可选）。

```
client = VpcClient.new_builder(VpcClient) \
    .with_http_config(config) \
    .with_credentials(credentials) \
    .with_endpoint(endpoint) \
```

```
    .with_file_log(path="test.log", log_level=logging.INFO) \
    .with_stream_log(log_level=logging.INFO) \
    .build()
```

其中，with_file_log 为日志输出至文件，可以对以下选项进行配置。

① path：日志文件路径。

② log_level：日志级别，默认为 INFO。

③ backup_count：日志文件个数，默认为 5 个。

with_stream_log 为日志输出至控制台，可以对以下选项进行配置。

① stream：流对象，默认为 sys.stdout。

② log_level：日志级别，默认为 INFO。

打开日志开关后，每次请求将输出访问日志，格式为"%(asctime)s %(thread)d %(name)s %(filename)s %(lineno)d %(levelname)s %(message)s"。

（7）初始化请求。根据具体需求初始化请求，如果需要同步查询特定 Region 下的 VPC 清单，则应使用 ListVpcsRequest 类初始化请求。

```
request = ListVpcsRequest()
```

（8）发送请求。根据具体需求发送请求，如果需要同步查询特定 Region 下的 VPC 清单，则应使用 list_vpcs 函数发送请求。

```
response = client.list_vpcs(request)
```

此时会返回 warning，这是正常情况，如图 9-21 所示。

图 9-21　返回 warning

（9）查看响应，执行如下命令查看响应。

```
print(response)
```

返回特定 Region 下的 VPC 清单，如图 9-22 所示。

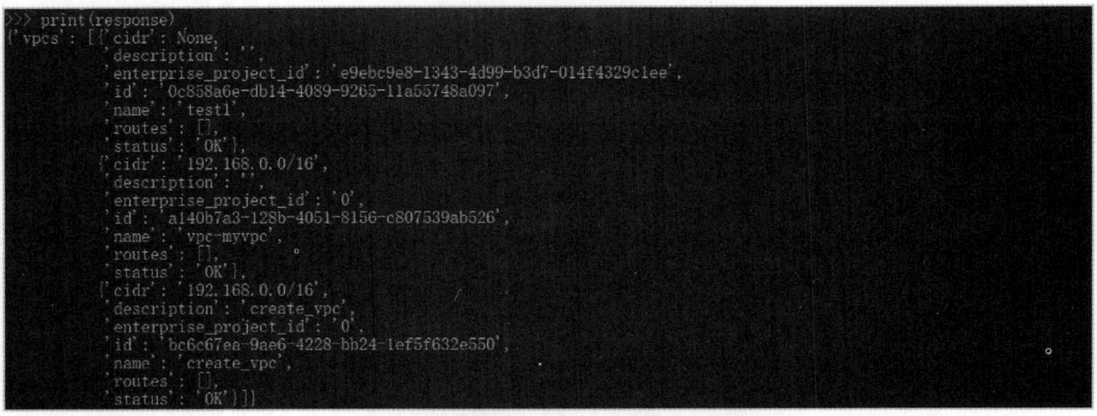

图 9-22　返回特定 Region 下的 VPC 清单

（10）异步场景（可选）。异步场景是指客户端不关注请求调用的结果，服务端收到请求后将请求排队，排队成功后请求就返回，服务端在空闲的情况下会逐个处理排队的请求。

执行如下命令初始化异步客户端。

```
client = VpcAsyncClient.new_builder(VpcAsyncClient) \
    .with_http_config(config) \
    .with_credentials(credentials) \
    .with_endpoint(endpoint) \
    .build()
```

执行如下命令发送异步请求。

```
request = ListVpcsRequest()
response = client.list_vpcs_async(request)
```

执行如下命令获取异步请求结果。

```
print(response.result())
```

9.2.4　Python SDK 进阶实验

基于 9.2.3 节的示例，用户可以尝试通过编写脚本的方式实现云服务运维自动化，下面是一个基础的实验流程。通过使用华为云 Python SDK 对 VPC 进行创建、查找、删除，同时进行子网的创建、查找、删除，以及 ECS 的创建、查找、删除等，实现 EVS 的购买并挂载到 ECS 上。整个实验使用华为云 Python SDK 编写脚本实现部分自动化运维，其流程如图 9-23 所示。

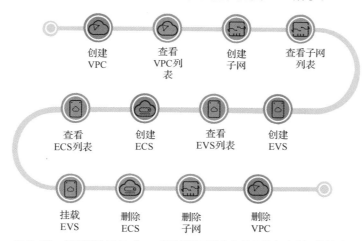

图 9-23　使用华为云 Python SDK 编写脚本实现部分自动化运维的流程

流程中每个阶段所需要进行的操作具体如下。

① 编写 Python 脚本，通过运行脚本创建特定 Region 下的 VPC。

② 编写 Python 脚本，通过运行脚本查找特定 Region 下的 VPC 列表并找到新建的 VPC 的 ID。

③ 编写 Python 脚本，通过运行脚本创建特定 Region 下和 VPC 关联的子网。

④ 编写 Python 脚本，通过运行脚本查看特定 Region 下的子网列表并找到新建的子网 ID。

⑤ 编写 Python 脚本，通过运行脚本创建特定 Region 下的 EVS。

⑥ 编写 Python 脚本，通过运行脚本查看特定 Region 下的 EVS 列表。

⑦ 编写 Python 脚本，通过运行脚本创建特定 Region 下的 ECS。

⑧ 编写 Python 脚本，通过运行脚本查看特定 Region 下的 ECS 列表。

⑨ 编写 Python 脚本，通过运行脚本在特定 Region 下的 ECS 上挂载 EVS。

⑩ 编写 Python 脚本，通过运行脚本删除特定 Region 下的 ECS，包括删除与其绑定的 EVS 和弹性 IP。

⑪ 编写 Python 脚本，通过运行脚本删除特定 Region 下的 VPC 子网。

⑫ 编写 Python 脚本，通过运行脚本删除特定 Region 下的 VPC（需先删除其包含的子网）。